Celina
del Amo

Spaßschule für Hunde

58 Tricks und viele Übungen

2. Auflage
53 Farbfotos
20 Zeichnungen

Ulmer

Inhaltsverzeichnis

Zu diesem Buch

Sie haben Spaß daran, mit Ihrem Hund zu trainieren? Sie möchten Ihrem Hund ein interessantes Leben bieten? Dann ist dieses Buch genau das Richtige für Sie!

Sie finden, nach Sparten sortiert, jede Menge Anregungen, was Sie mit Ihrem Hund an Tricks und Spaßübungen erarbeiten können. Für die meisten Übungen sind auch Variationen beschrieben, deren Schwierigkeitsgrad anhand der folgenden Symbole gekennzeichnet ist:

 = einfache Übungsvariante

 = anspruchsvolle Übungsvariante

 = schwierige Übungsvariante

Die Anzahl der Knochen stellt aber nur eine grobe Richtlinie dar. Es ist im Einzelfall immer eine Frage des Talents eines Hundes, ob er eine bestimmte Übung leicht lernt oder sich in einer anderen vielleicht auch einmal etwas schwerer tut.

Besonders spektakuläre Übungen oder solche, aus denen man eine kleine Vorführung machen kann, sind mit

 gekennzeichnet.

Manche der Übungen, die in diesem Buch vorgestellt werden, können dem Grundgehorsam zugerechnet oder gewinnbringend im Alltag eingesetzt werden. Diese Übungen sind mit

☞ gekennzeichnet.

In diesem Buch werden einige gängige Grundgehorsamsübungen als bekannt vorausgesetzt und nicht oder nur sehr oberflächlich behandelt. Zu diesen „Basisübungen" zählen folgende Kommandos: „Sitz", „Platz", „Bleib", „Hier", „Apport".

Wenn Ihr Hund Trainingsanfänger ist und die genannten Kommandos noch nicht beherrscht, sollten Sie diese Kommandos parallel mit ihm erarbeiten: Sie sind im Alltag von unbezahlbarem Nutzen! In meinem Buch „Spielschule für Hunde" sind die Grundkommandos vorgestellt. Eine ausführliche Trainingsanleitung finden Sie in meinem Buch „Hundeschule Step by Step".

Neben einer guten Grundausbildung ist es für das Training wichtig, dass Sie und Ihr Hund eine feste Vertrauensbasis haben. Wenn dieses Vertrauen noch nicht vorhanden ist, sollten Sie sich von einem modernen und erfahrenen Hundetrainer beraten lassen, um daran vor dem Trainingsstart noch zu feilen.

Die Übungen, die in den folgenden Kapiteln vorgestellt werden, sind in erster Linie spaßorientiert. Die Inhalte dieses Buches sind nicht darauf ausge-

richtet, Verhaltensprobleme zu lösen. Mit Hunden, die sehr ängstlich sind oder aggressives Verhalten gegenüber Menschen oder anderen Artgenossen zeigen, sollten Sie vorrangig verhaltenstherapeutische Übungen erarbeiten, um die bestehenden Probleme zu lösen. Ein auf Verhaltenstherapie spezialisierter Tierarzt ist hier der richtige Ansprechpartner. Es spricht aber nichts dagegen, wenn ein solches Spezialprogramm mit einigen Spaßübungen aufgelockert wird.

Ein Dank an alle am Set, den Hunden und ihren Besitzern, die mit Spaß, Geduld und Können dabei waren: Australian Shepherd Dusty mit Dr. Nadja Kneissler und Petra Kurrle, Parson Jack Russell Jackie mit Sabine Irskens, Jack Russell Kim mit Bianca Link, Entlebucher Sennenhund Lucky mit Marion Schulz und Elli Finke mit ihrem Schäferhund.

Lerntheorien und Trainings-methoden

Lernen ist ein komplizierter Vorgang, der biologischen Gesetzmäßigkeiten unterworfen ist. Um ein spezielles Ziel zu erreichen, gibt es meist mehrere Möglichkeiten. Sie können Lernvorgänge optimieren und beschleunigen, indem Sie den Übungsaufbau geschickt planen und die Funktionsweise des Hundegehirns berücksichtigen.

Einige gängige Trainingsansätze werden hier kurz vorgestellt, da in den Übungen nicht mehr näher darauf eingegangen wird. Überlegen Sie vor dem Training, wie Sie die Übung aufbauen möchten und welche Techniken Sie im Einzelfall benutzen wollen. Je nach Übungsziel werden Sie sich dann für die eine oder andere Methode entscheiden. Wenn Sie das Gefühl haben, dass der im Text beschriebene Übungsaufbau nicht zu Ihrem Hund passt oder Sie einen anderen Weg versuchen möchten: nur zu! Hundetraining macht besonders viel Spaß, wenn man es kreativ gestaltet!

Klassische Konditionierung

Bei der klassischen Konditionierung kommt es einzig und allein auf die zeitliche Kopplung zweier Ereignisse an, wobei eines der Ereignisse ein reflexartig gesteuertes Verhalten beim Hund auslösen muss. Im Verlauf der Konditionierung erlangt das andere, früher neutrale Ereignis dieselbe Be-deutung und löst dann selbst ebenfalls das Reflexverhalten aus. Lob oder Strafe werden nicht benötigt. Nur der Zeitfaktor entscheidet über ein Gelingen. Über die klassische Konditionierung kann man dem Hund alles beibringen, was reflexartig gesteuert wird. Die erlernte Reaktion ist willentlich nicht steuerbar. Ortsverknüpfungen spielen bei klassisch konditionierten Übungen eine kleinere Rolle, was im Alltag sehr nützlich sein kann.

Hinweis
Auch die Ausschüttung von Hormonen ist reflexartig gesteuert. Da Emotionen ebenfalls über Hormone bzw. Neurotransmitter reguliert werden, kann die Emotionslage Ihres Hundes gleichermaßen klassisch konditioniert werden.

Drei bekannte Beispiele für die klassische Konditionierung:

Der berühmte **Pawlow'sche Hund:**
1 Der Anblick bzw. Geruch von Futter löst beim Hund Speichelfluss aus. Dieses Verhalten ist willentlich nicht zu steuern. Es läuft reflexartig ab. Das Futter ist der reflexauslösende Reiz.
2 Auch hier löst der Anblick oder Geruch des Futters beim Hund den Speichelfluss aus. Wenn immer direkt vor der Futterausgabe ein Geräusch ertönt, findet eine klassische Konditio-

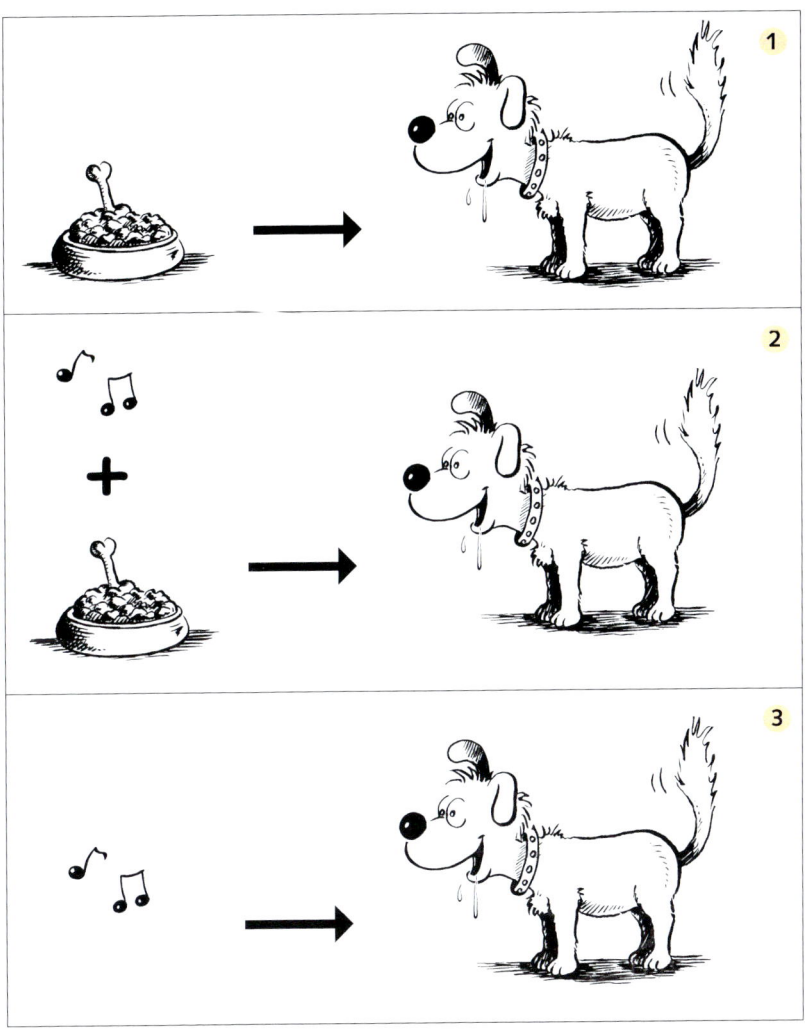

Beispiel für Pawlows klassische Konditionierung.

nierung statt. Das Geräusch sagt zuverlässig das Ereignis „Futter" voraus. **3** Nach einer ausreichend häufigen Kopplung löst schließlich das Geräusch allein den Speichelfluss aus. Das Verhalten ist dann erlernt und kann vom Hund willentlich nicht beeinflusst werden.

Die klassische Konditionierung kann genutzt werden, um dem Hund ein „Versäuberungs-kommando" beizubringen.

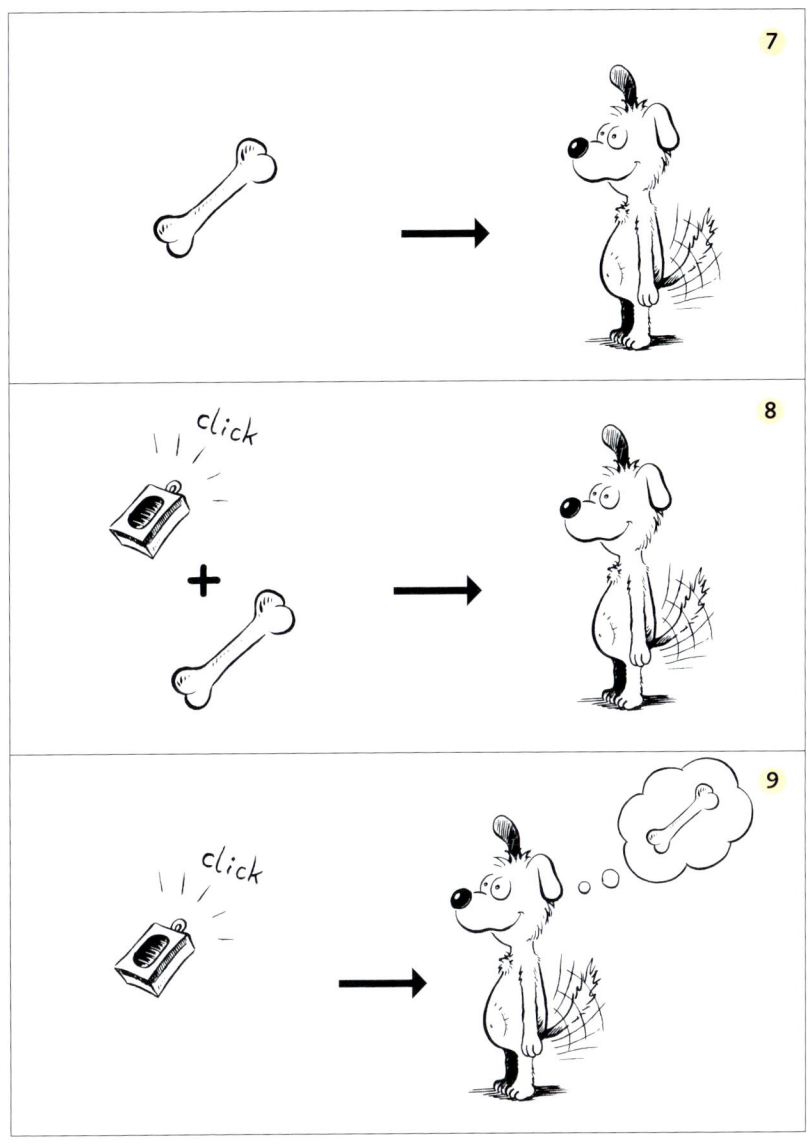

Auch die Konditionierung auf den Clicker ist eine klassische Konditionierung (siehe Seite 6)

Beispiel **Versäuberung:**

4 Der Vorgang der Versäuberung kann klassisch konditioniert werden.

5 Möglichst Bruchteile einer Sekunde vor oder im Alltag zeitgleich mit der Versäuberung muss der Hund ein spezielles Signal, z. B. ein Sprachkommando hören.

6 Nach einer ausreichend hohen Anzahl an Wiederholungen der Verknüpfungsübung wird der Hund das Verhalten dann direkt auf das konditionierte Sprachsignal hin zeigen.

Die Konditionierung auf das Trainingshilfsmittel **Clicker** folgt ebenfalls der klassischen Konditionierung:

7 Die freudige Erwartungshaltung, wenn der Hund ein Leckerchen bekommt, ist eine unkonditionierte und unwillkürliche Reaktion.

8 Bei der Konditionierung auf den Clicker muss das Clickgeräusch ganz kurz vor dem Zugang zum Leckerchen ertönen, also in einem sehr engen zeitlichen Zusammenhang zu dem unkonditionierten freudigen Ereignis.

9 Nach erfolgter Konditionierung versetzt man den Hund schon durch das „Click" in freudige Erwartungshaltung, gleich ein Leckerchen zu bekommen.

Klassisch konditionierte Reaktionen werden sehr zuverlässig gezeigt, denn auch nach erfolgter Konditionierung bleiben die Handlungen unwillkürlich. Sie sind also nicht über das Gehirn durch Denkleistung steuerbar. Die Gefahr der spontanen Löschung bei klassisch konditionierten Reaktionen ist allerdings vergleichsweise groß. Es entsteht kein „Suchtverhalten", über das die Verhaltensweise immer

weiter gefestigt wird, wie bei der instrumentellen Konditionierung. Im Alltag bedeutet das, dass klassisch konditionierte Signale zwischendurch immer wieder durch die Verknüpfungsübung aufgefrischt und somit verstärkt werden müssen, um sie wirklich zuverlässig benutzen zu können.

Hinweis
Beim Clickertraining ist dies nicht nötig, da der Hund sowieso immer nach dem „Click" ein Leckerchen bekommt und die Verknüpfung somit ständig verstärkt wird.

Instrumentelle Konditionierung

Die instrumentelle Konditionierung, auch operante Konditionierung genannt, wird im Training sehr häufig angewandt. Hier werden positive oder negative Verstärker eingesetzt, um die Wahrscheinlichkeit zu erhöhen, dass eine Verhaltensweise in Zukunft häufiger oder seltener gezeigt wird. Bei den trainierten Verhaltensweisen handelt es sich um willentlich steuerbare Handlungen.

Auch bei der instrumentellen Konditionierung spielt der Zeitfaktor eine große Rolle. Die beste Verknüpfung kann ein Hund herstellen, wenn das **Signal** ca. eine halbe Sekunde vor der Handlung gegeben wird und der **Verstärker** bis maximal zwei Sekunden nach der Handlung folgt.

Grundsätzlich gibt es vier verschiedene Möglichkeiten **Verstärker** einzusetzen, wie folgende Beispiele verdeutlichen:

Für den Einsatz von Verstärkern gibt es vier Möglichkeiten.

Hinweis
Die Begriffe positiv und negativ werden hier im mathematischen Sinn verwendet, also positiv = etwas wird hinzugefügt und negativ = etwas wird abgezogen.

Positive Belohnung: Man gibt dem Hund z. B. ein Leckerchen.
Negative Belohnung: Etwas Unangenehmes wird entfernt. Zum Beispiel wird der Zug am Halsband vermindert, wenn der Hund die Position einnimmt, in die er gezogen wurde.
Positive Strafe: Man fügt etwas Unangenehmes hinzu. Beispielsweise bekommt der Hund einen Klaps, wenn er etwas nicht richtig macht.

Negative Strafe: Etwas Angenehmes wird entfernt, z. B. man entzieht dem Hund das Objekt seiner Begierde oder die Aufmerksamkeit.

Mit den Techniken der **positiven Belohnung** und **negativen Strafe** zu arbeiten führt zum schnellsten Lerneffekt, denn Hunde richten ihr Leben danach aus, wie sie am einfachsten Angenehmes erreichen oder behalten können. Sie lernen aber nur vergleichsweise langsam, Unangenehmes zu vermeiden. Dies gilt insbesondere, solange das Unangenehme moderat ist. Wenn irgendetwas gravierend negative Konsequenzen nach sich zieht, behält ein Hund das zwar schnell und für lange Zeit, reagiert aber in diesen

11

Situationen dann gleichzeitig auch immer ängstlich, was nicht im Sinne unseres Trainings ist.

Im Training kommt es in erster Linie darauf an, dem Hund zu vermitteln, was er tun soll. Hierzu sind gezielt eingesetzte Belohnungen im richtigen Moment der effektivste Weg. Auf welche Belohnung Ihr Hund in welcher Situation am besten reagiert, müssen Sie individuell herausfinden:

Hoch im Kurs stehen bei fast allen Hunden kleine weiche und sehr schmackhafte **Leckerchen**. Sehr viele Hunde haben außerdem ein **Lieblingsspielzeug**. Auch Sozialkontakt mit dem Besitzer, beispielsweise in einem tollen gemeinsamen Spiel, ist vielen Hunden sehr wichtig. In fortgeschrittenen Trainingseinheiten macht sich ein **Lobwort** bezahlt. Für den Fall, dass der Hund einmal auf der völlig falschen Fährte ist, hilft ein **Korrekturwort**. Beide müssen aber vorher gesondert trainiert werden (s. Seite 29 ff.).

Beispiel für die instrumentelle Konditionierung
Der Hund soll das Pfötchengeben lernen.
Im Rahmen der instrumentellen Konditionierung kommt es nun auf drei Dinge an: das Verhalten, den Befehl und den Verstärker.
Das bedeutet: Man muss eine Situation schaffen, in der der Hund das Verhalten zeigen wird. Hierzu kann man ihn beispielsweise mit einem Futterstückchen locken. Sobald man erkennen kann, dass der Hund das gewünschte Verhalten zeigen will, muss in der Anlernphase der Befehl ertönen. Sobald das Verhalten gezeigt wurde, wird der Verstärker – in diesem Beispiel eine Futterbelohnung – eingesetzt. In späteren Lernschritten lässt man das Locken als Starthilfe weg. Je besser beim Konditionierungsvorgang die Belohnung ist, die sich der Hund erarbeiten kann, umso bereitwilliger wird er sich bei den nächsten Malen darauf einlassen, das Verhalten zu zeigen.

Verhaltensketten formen (Chaining)

Auch komplexe Handlungen können konditioniert werden. Komplexe Handlungen bestehen aus vielen verschiedenen Einzelsequenzen, die dann aneinander gereiht die gewünschte Handlung bilden.

Um solch ein komplexes Verhalten zu formen gibt es zwei Möglichkeiten. Erstens: Der Hund kann die Handlungskette in der richtigen Reihenfolge lernen. Dies bezeichnet man als **Foreward Chaining** (engl. *foreward* = vorwärts und *to chain* = aufreihen). Zweitens: Beim Backward Chaining (engl. *backward* = rückwärts) beginnt man mit der Endhandlung und setzt die einzelnen Teile der Gesamtübung dann in umgekehrter Reihenfolge zusammen.

Das **Foreward Chaining** ist dem Shaping, das auch beim freien Formen (s. Seite 50 ff.) mit dem Clicker angewandt wird, ähnlich. Im Gegensatz zum freien Formen beim Clickertraining müssen beim Forward Chaining die Einzelhandlungen aber bereits gesondert trainiert worden und auf Kommando abrufbar sein, sonst kann man den Hund nicht anleiten das zu tun, was man als nächsten Handlungsschritt von ihm möchte.

Beim **Backward Chaining** hat man gegenüber dem Forward Chaining einen Vorteil, denn der Hund arbeitet immer in die längst beherrschte Endhandlung hinein. Das gibt ihm Sicherheit. Aus Schultagen ist uns dieses Prinzip vertraut: Wenn man beim Auswendiglernen eines Gedichtes mit der letzten Strophe anfängt, bleibt man später nie hängen, denn man hangelt sich an Sequenzen entlang, die einem immer vertrauter erscheinen. Ein Nachteil beim Hundetraining kann allerdings sein, dass der Hund in bestimmten Übungen versucht, die Handlungskette abzukürzen, um schneller die Endhandlung zeigen zu können.

Locken als Technik

Lockversuche oder „Bestechungen" haben im Training Vor- und Nachteile. Manchmal ist es sehr leicht, mittels eines Lockmittels den Hund zu einer bestimmten Handlung zu verleiten. Um das Verhalten dann aber unter Signalkontrolle zu bringen und somit jederzeit abrufbar zu machen ist es nötig, baldmöglichst vom Locken wieder abzukommen.

Wie heißt es so schön? „Das Leckerchen oder der Ball vor der Nase blockiert das Hirn". Dahinter steckt viel Wahrheit. Häufig wird es übermäßig schwer, ein Verhalten unter Signalkontrolle zu bringen, wenn man dem

Hund im Übungsaufbau zu viele Hilfen gegeben hat, denn der Hund lernt sehr kontextspezifisch. Das heißt, er verknüpft immer die Gesamtsituation. Im Fall von Lockversuchen bedeutet das: Er verlässt sich auf Ihre Hilfe und auf das Locken. Oft folgt er dem Lockmittel, ohne überhaupt zu realisieren, was er eigentlich tut. Deshalb sollten Sie in allen Übungen, in denen Sie Locken als Technik anwenden, dem Hund nicht mehr als maximal **fünf Versuche** mit dem Lockmittel geben. Setzen Sie dann lieber den Clicker ein, um den Hund nach den ersten Lockversuchen punktgenau beim richtigen Ansatz zu unterstützen und ihn so auf den richtigen Weg zu bringen.

Clickertraining

Clickertraining ist eine stressfreie Methode, den Hund zu Höchstleitungen zu bringen.

Aus der modernen Hundeausbildung ist es mittlerweile nicht mehr wegzudenken. Mit dem Clicker stehen einem noch mehr Möglichkeiten offen, auch Feinheiten ganz exakt auszuarbeiten. Auch beim Training von Tricks und Späßen oder bei „Beschäftigungsübungen" für den Alltag können Sie den Clicker als Trainingshilfe einsetzen. Auf einfache, aber wirkungsvolle Art und Weise können individuelle Verhaltensweisen geformt und komplexe Handlungsabläufe trainiert werden.

Beim Clickertraining setzt man einen so genannten „konditionierten Verstärker" ein, den der Hund vorher als Indikator für eine nachfolgende Belohnung kennen gelernt hat. Die eigentliche Belohnung, die der Hund übrigens **immer** nach dem „Click" erhält, ist auch bei diesem Training beispielsweise ein Leckerchen, ein Spielzeug, ein Spiel mit dem Besitzer oder etwas anderes, was der Hund sehr liebt. Das „Click" als Signal bekommt für den Hund etwa folgende Bedeutung:

- Genau! Prima!
- Das, was du gerade im Augenblick machst, finde ich gut.
- Du bekommst gleich eine Belohnung dafür.

Man kann den Clicker in der Hundeausbildung auf verschiedene Art einsetzen. Die verschiedenen Möglichkeiten werden ab Seite 48 mit einigen Übungsvorschlägen vorgestellt. Wie Sie den Hund auf den Clicker konditionieren, ist auf Seite 44 ff. beschrieben.

Ignorieren als Methode

Hunde sind Ökonomen. Sie legen auf Dauer nur Verhaltensweisen an den Tag, die sich in irgendeiner Form für sie lohnen. Wenn ein Verhalten zu keinerlei Vorteil mehr führt, wird es vernachlässigt. Ignorieren kann man deshalb sehr gut als Methode für die Korrektur von unerwünschtem Verhalten anwenden. Das Verhalten, für das man den Hund ignoriert hat, wird von ihm ab einem bestimmten Zeitpunkt seltener und dann überhaupt nicht mehr gezeigt.

Hinweis
Verhaltensweisen, die selbstbelohnenden Charakter haben, können durch Ignorieren nicht „gelöscht" werden.

Die Technik des Ignorierens kann man sowohl im Training als auch im Alltag einsetzen. Unerwünschtes oder aufdringliches Verhalten kann man so auf stressfreie Art und Weise aussterben lassen.

Ignorieren bedeutet: Der Hund wird in diesem Moment nicht angesprochen, nicht angeschaut und nicht angefasst. Das ist oftmals leichter gesagt als getan, aber mit ein bisschen Übung und Eigenkontrolle kann es einem sehr gut gelingen.

Achtung
Wenn der Hund früher durch sein Verhalten schon einmal Erfolg gehabt hat, wird er, wenn er ignoriert wird, zunächst versuchen, durch mehr Nachdruck das zu erreichen, was bisher so leicht war. Leider wird er hierbei umso hartnäckiger sein, je öfter man bereits versucht

Ignorieren bedeutet: nicht anfassen, nicht anschauen, nicht ansprechen.

hatte, das störende Verhalten des Hundes zu ignorieren, dann aber doch weich geworden ist. Auf diese Weise hat er nämlich nur gelernt, immer länger am Ball zu bleiben! Also: Bleiben Sie beim Ignorieren konsequent!

Einsatz von Belohnungen

Einer der vielversprechendsten Wege in der Hundeausbildung ist die positve Verstärkung von erwünschtem Verhalten. Durch den Einsatz von Belohnungen erhöht man die Wahrscheinlichkeit, dass der Hund das vorangegangene Verhalten in Zukunft wieder zeigen wird.

Bei der Anwendung von positiven Verstärkern ist der einzige Schnitzer, der einem passieren kann, dass man durch Probleme beim Timing nicht genau das Verhalten verstärkt, das man verstärken wollte.

Beispiel für Belohnungsfehler
Der Hund macht „Sitz" und soll dafür belohnt werden. Sie nähern sich mit dem Leckerchen in der Hand. Der Hund steht in der freudigen Erwartung auf das Futter auf und bekommt den Bissen zugesteckt. Belohnt wurde hier das Aufstehen bzw. Stehen, denn dies ist die Handlung, die der Hund nun mit der Belohnung assoziieren wird.

Für den Einsatz von Belohnungen gilt also, dass Sie gezielt vorgehen müs-

sen, um die erwünschte Verknüpfung und somit die optimale Leistung zu erzielen.

In der Anlernphase sollte der Hund zunächst **immer belohnt** werden, um Sicherheit in der Übung zu gewinnen. Wenn Sie dann sicher sind, dass er nun weiß, um was es geht, kann er auf ein **variables Belohnungsschema** umgestellt werden.

Er soll dann nach einem völlig willkürlichen Schema mal nach zwei, mal nach jeder, mal nach vier, dann nach drei Wiederholungen usw. belohnt werden. Keine Sorge, der Hund wird bei einem variablen Belohnungsintervall tatsächlich noch intensiver mitarbeiten, besonders wenn er mit einer ganz tollen Leistung auch den **Jackpot** knacken kann!

Um dem Hund noch mehr Abwechslung zu bieten, können Sie die Art der Belohnung unvorhersehbar machen, indem Sie verschiedene Futterqualitäten und/oder verschiedene Spielzeuge einsetzen. Für besondere Leistung soll der Hund einen Jackpot bekommen. Das heißt, wenn alles perfekt war, bekommt er entweder etwas Extra-Leckeres oder etwas mehr Menge oder sein absolutes Lieblingsspielzeug. Bei schlechter Leistung darf der Hund auch mal nichts bekommen!

Hinweis
Anfangs müssen Sie **jede** richtige Handlung belohnen. Später erzielen Sie besondere Spannung, ja ein regelrechtes Suchtverhalten und somit eine gesteigerte Motivationslage, indem Sie den Hund

Wenn mit steigender Ablenkung trainiert wird, sollte der Leistungsanspruch zunächst zurückgeschraubt werden, um dem Hund Sicherheit mit dem Umgang mit der neuen Anforderung zu geben.

nach einem unvorhersehbaren Schema belohnen. Besonders wenn dem Hund der Jackpot bekannt ist, können Sie auf diese Weise Höchstleistungen erreichen.

Wir Menschen unterliegen diesem Suchtprinzip ebenfalls. Ein Beispiel hierfür ist das Lotto-Spielen. Auf den Höchstgewinn hoffend wird das Spielen immer wieder dadurch getriggert, dass man ab und zu, also in einem unvorhersehbaren Schema, eine Kleinigkeit gewinnt.

Den letzten Schliff bekommt die Übung, indem Sie in einem fortgeschrittenen Trainingsstand auf ein bestimmtes Merkmal hinarbeiten, das Ihnen noch zur vollkommenen Zufriedenheit fehlt. Der Hund wird dann also nur noch für ein bestimmtes Leistungsmerkmal mit einer Belohnung bestätigt.

Wenn die Übung in mehreren Details noch nicht ganz hundertprozentig beherrscht wird, können Sie nach diesem Prinzip auch mehrere Merkmale nacheinander verbessern. Zur besseren Nachvollziehbarkeit für den Hund empfiehlt es sich aber, pro Übung immer nur an einem Merkmal zu feilen. Während man an einem Merkmal arbeitet, werden andere Details vorübergehend schlechter ausgeführt!

Festigung von Verhalten

Wenn Sie Zuverlässigkeit bei der Leistung anstreben, müssen die Übungen nach und nach auch in immer größeren Ablenkungssituationen und an verschiedenen Orten vom Hund verlangt werden. Auf diese Weise wird sie zuverlässig abrufbar, denn der Hund lernt, die Übung zu generalisieren. Aber Vorsicht: Bei der Steigerung der Ablenkung muss die Übung trotzdem noch gelingen! Gehen Sie also schrittweise vor. Hilfreich ist es, wenn Sie zunächst die Belohnung aufwerten, während Sie mit mehr Ablenkungen arbeiten.

Ins Generalisierungstraining gehören z. B. Ablenkungen durch die Anwesenheit von Artgenossen oder die Nähe zu fremden Menschen. Auch Jagdablenkungen oder Orte mit hoher Geräuschkulisse müssen geübt werden.

Beispiel
Der Hund beherrscht in Haus und Garten die Befehle „Sitz" und „Bleib". Auch draußen gelingt dies, wenn die Umgebung ruhig ist. Gehen Sie in solch einem Fall folgendermaßen vor: Suchen Sie sich einen Trainingsort mit leichten Ablenkungen. Üben Sie beispielsweise ca. 30 Meter von einer Bushaltestelle entfernt und benutzen Sie für das Training in diesem Fall nicht normale Futterstücke, sondern die Lieblingsbelohnung Ihres Hundes. Wenn dies gut gelingt, können Sie in dieser Entfernung dazu übergehen, als Belohnung das normale Futter einzusetzen. Benutzen Sie Ihre Superleckerchen dann bei einer Entfernung von ca. 25 Metern von der Ablenkung etc.

Einführung eines Signals

Sinnvoll ist es, im Training generell die beim Clickertraining übliche Methode der Befehlseinführung zu nutzen: Ver-

kneifen Sie sich sämtliche Kommandos, bis Sie mit der Leistung Ihres Hundes in der speziellen Übung hundertprozentig zufrieden sind.

Achtung
Der Hund wird nach der Verknüpfung mit dem Befehl die Übung genauso zeigen, wie er sie gelernt hat. Das bedeutet, wenn man das Kommando einführt, während der Hund im Lernprozess noch viele Fehler macht, verknüpft er das Kommando auch mit seiner inkonstanten Leistung.

Das folgende Beispiel mit der Übung „Sitz" macht dies deutlich: Der Hund ist aufgeregt und bellt fast immer, wenn er sich hinsetzt. Der Befehl wird dennoch eingeführt. „Sitz" bedeutet dann für den Hund: hinsetzen und bellen!

Es ist ein unnötiger Zeitaufwand und für den Hund verwirrend, wenn Sie ihm nun nachträglich vermitteln möchten, dass „Sitz" heißt: ohne einen Muckser von sich zu geben nur den Po auf den Boden zu nehmen und die Vorderfüße gestreckt zu lassen.

Tipp
Falls Ihnen einmal solch ein Missgeschick passiert, ist dies kein Problem. Trainieren Sie die Übung weiter, bis Ihnen die Leistung gefällt, und führen Sie dann für die perfekte Übung einen **anderen** Befehl ein.

Achten Sie darauf, dass Ihr Hund die Übung auch wirklich zuverlässig zeigt, bevor Sie den Befehl einführen. Erst wenn Sie in mindestens acht von zehn

Malen voraussagen können, dass Ihr Hund die Handlung auch wirklich so zeigt, wie Sie es möchten, ist der Moment gekommen, den Befehl einzuführen!

Verschiedene Arten von Signalen

Im Hundetraining kann man sich verschiedener Signale bedienen.
Es gibt:
• Lautsignale = Worte/Sprachsignale
• Sichtzeichen = Körperbewegungen
• Tonsignale = z.B. Pfeiftöne etc.
Selbstverständlich kann man ein und dasselbe Verhalten auch mit mehreren unterschiedlichen Signalen (beispielsweise einem Lautsignal und einem Sichtzeichen) belegen.

Hinweis
Die in den Trainingsübungen benannten Sprachkommandos sollen nur als Vorschlag dienen. Es spricht natürlich nichts dagegen, die Übungen anders zu benennen. Achten Sie aber darauf, dass der Hund die einzelnen Kommandos vom Klangbild her gut voneinander unterscheiden kann.

Bedenken Sie, dass Hunde nicht für alle Signale das gleiche Talent mitbringen. Sichtzeichen werden vom Hund aufgrund der Tatsache, dass er sich in der innerartlichen Kommunikation hauptsächlich über Körpersprachesignale verständigt, schneller erlernt. Mit Sprachsignalen tut sich ein Hund deutlich schwerer. Zudem werden Sprachsignale bei gleichzeitigem Einsatz von Sichtzeichen durch Letztere überlagert bzw. blockiert. Der Hund lernt hierbei

zuverlässig nur das für ihn eingängigere Signal, also das Sichtzeichen. Etwas anders sieht es mit „neutralen" Tonsignalen aus. Diese sind für einen Hund wiederum relativ leicht zu lernen, da sie sich von der menschlichen Sprache und somit von der alltäglichen Hintergrundsbeschallung recht deutlich unterscheiden und weniger variabel sind als die menschliche Stimme, die sich von Person zu Person, aber auch je nach Stimmungslage oder z.B. bei einer Erkältung ändert.

Regeln für den Einsatz von Signalen
• Sprechen Sie Lautsignale stets freundlich und relativ leise, aber klar und deutlich aus.
• Achten Sie beim Einsatz von Sichtzeichen darauf, keine bedrohliche Körperhaltung einzunehmen.
• Verzichten Sie darauf, eindringlicher mit dem Hund zu sprechen, wenn er den Befehl nicht umgehend ausführt. Dies wirkt schnell bedrohlich und führt zu schlechterer Leistung, da Druck Unsicherheiten schürt.
• Geben Sie den Befehl stets nur einmal. Wenn der Hund nicht reagiert, liegt ein Fehler im Übungsaufbau vor. Überdenken Sie Ihren Übungsaufbau:
  – Hat der Hund vielleicht Stress?
  – Fehlt die Motivation?
  – Ist die Übung noch nicht generalisiert, das heißt überall abrufbar?
  – Hatte er überhaupt genug Wiederholungen, um eine Ver-

knüpfung zwischen dem Befehl und der Handlung herzustellen?

Wie führt man das Signal ein?

Schritt 1: Verleiten Sie den Hund, das richtige Verhalten zu zeigen. Wenn er dies mehrmals richtig gemacht hat und Sie sicher sind, dass er es wieder gut machen wird, können Sie anfangen, Ihr Signal einzuführen. Geben Sie dem Hund dann immer kurz bevor er das erwünschte Verhalten zeigt das entsprechende Signal. Belohnen Sie den Hund danach bzw. clicken Sie, während der Hund die Handlung ausführt, und belohnen Sie ihn beim Einsatz des Clickers anschließend.

Tipp
Vor der Signaleinführung können Sie den Hund auch für spontanes Zeigen der Handlung belohnen, um ihm zu vermitteln, dass das Zeigen dieser Übung für ihn mit einem persönlichen Erfolg verbunden ist.

Wiederholen Sie diese Übung ca. 50 Mal, um sicherzustellen, dass der Hund eine sichere Verknüpfung hergestellt hat. Wenn Sie darauf achten, dabei häufig die Trainingsorte zu wechseln, kann der Hund die Übung schneller generalisieren. Gewährleistet bleiben muss nur, dass der Hund in fremder Umgebung das Verhalten auch wirklich zeigen wird, denn über das Kommando abrufbar ist es in diesem Trainingsstand noch nicht.

Schritt 2: Sie haben bis jetzt mindestens 50 Mal das Kommando eingesetzt, sobald der Hund sich angeschickt hat, die erwünschte Handlung zu zeigen. Jetzt ist es an der Zeit, dass Sie den Versuch wagen, die Übung über das neu eingeführte Signal abzurufen. Halten Sie dabei die Ablenkung zunächst klein und achten Sie darauf, dass der Hund gut motiviert ist.

Wenn der Hund auf das Signal hin die erwünschte Handlung zeigt, sollte er sofort belohnt werden. Er kann sogar einen Jackpot erhalten. Festigen Sie dann diese Übung, indem Sie sie an verschiedenen Orten und später auch unter mehr Ablenkung vom Hund verlangen.

Schritt 3: Um das Verhalten unter **Signalkontrolle** zu bringen ist es notwendig, dem Hund im letzten Trainingsschritt klar zu vermitteln, dass es für ihn bei dieser Übung nur einen Weg zum Erfolg gibt, nämlich umgehend auf das Signal zu reagieren. Das bedeutet, dass er für spontanes Anbieten dieser Übung nun keinerlei Aufmerksamkeit mehr bekommen sollte! Sparen Sie sich das Lob für die Momente auf, in denen Sie dem Hund das Verhalten mit dem entsprechenden Signal abverlangt haben. Signalkontrolle ist wichtig, wenn Sie ein hohes Trainingsziel anstreben und sich später auf eine möglichst hundertprozentige Zuverlässigkeit des Hundes verlassen können wollen.

Vermitteln Sie Ihrem Hund, dass es für schlechte Leistung keine Belohnung gibt und „geizen" Sie nun mit der Belohnung. Für Bestleistung hingegen gibt es etwas Tolles oder gar einen Jackpot.

Optimierung von Lernkurven

Lernen erfolgt selten in linearer Weise. Wenn man den Hund gut beobachtet, kann man mit der Zeit das Lernen allein über die Übungsintervalle optimieren.

> **Tipp**
> Belohnen Sie den Hund nach einem erfolgten „Durchbruch" mit einem Jackpot und beenden Sie dann das Training dieser Übung.
> Achten Sie strikt darauf, den alten Fehler zu vermeiden: Versuchen Sie nicht, wenn etwas gut gelungen ist, dieses Ergebnis in einer weiteren Wiederholung zu bestätigen! Aus eigener Erfahrung kann ich sagen, dass dies manchmal ein großes Maß an eigener Beherrschung erfordert – vor allem, wenn man sich selbst freut, dass eine schwierige Übung endlich geglückt ist!

Das Training verläuft dann optimal, wenn es Ihnen gelingt, in einer Trainingssituation ein gutes oder im Idealfall besseres Ergebnis als beim letzten Mal zu erzielen und in dem Moment aufzuhören, wenn das sogenannte **Lernplateau** gerade erreicht ist. Auch wenn Sie nur einen kleinen Fortschritt erreicht haben, kommt es bei der nächsten Trainingssitzung fast immer zu einem **Lernsprung**. Das bedeutet, Sie starten die Übung direkt auf einem etwas höheren Niveau als beim vorangegangenen Training und erreichen beim Üben somit auch ein höheres Ziel. Häufig hat man das Gefühl, dass der Hund noch einmal darüber „nach-

gedacht" hat und plötzlich weiß, wie es geht. Besonders faszinierend ist dies beim Clickertraining oder generell, wenn wenig Hilfen verwendet wurden.

Für ein optimales Training ist es ebenfalls wichtig, dass Sie stets auf eine entspannte Übungsatmosphäre achten. Gönnen Sie Ihrem Hund im Training ausreichend Pausen. Lassen Sie ihn zwischendurch trinken und über Schnüffeln entspannen.

Üben Sie, so oft Sie wollen. Beschränken Sie sich aber stets auf kurze Übungseinheiten. Es ist effektiver, möglichst oft, aber stets nur kurz mit einem Hund zu arbeiten. Eine längere Konzentrationsfähigkeit ist durchaus zu trainieren, dennoch sind Höchstleistungen – genau wie beim Menschen auch – nicht bei einem Dauereinsatz zu erreichen.

> **Hinweis**
> Unter einem **Lernplateau** versteht man einen Stillstand im Lern- und Übungsprozess: Trotz des Übens ist kein Fortschritt mehr festzustellen. Das Lernplateau spielt die Rolle einer schöpferischen Pause, allerdings in einer größeren Dimension. Es bildet die Ausgangsbasis für den Schub in eine höhere Leistungsebene, es kündigt also den Lernsprung an.

Vor dem Start

Auch wenn es unter den Nägeln brennt und Sie am liebsten gleich loslegen möchten, um ein paar neue Späße mit Ihrem Hund auszuprobieren, zahlt es sich aus, wenn Sie sich den Übungsaufbau zunächst einmal in der Theorie zurechtlegen. Auf diese Weise können Sie sich schon bei einigen möglichen Fehlern selbst ertappen und frustrierende Umwege vermeiden.

Überdenken Sie stets, auf welche Art und Weise Sie dem Hund die Übung vermitteln möchten und ob dies für ihn wirklich der einfachste Weg ist.

- Ist das Trainingsziel genau definiert?
- Besteht die Übung aus Einzelhandlungen?
- Sind Teile der Übung dem Hund schon als „Basis" bekannt?
- Sind die „Basisübungen" unter Befehlskontrolle?
- Welche Methode wollen Sie anwenden?
- Wollen Sie eine Handlungskette aufbauen? Rückwärts oder vorwärts?
- Ist die Übung in genügend Einzelschritte untergliedert?
- Welche Hilfen bzw. Hilfsmittel werden benötigt?
- Können diese leicht abgebaut werden?
- Wie lässt sich der Hund motivieren?
- Wie soll er belohnt werden?
- Was kann als Jackpot dienen?
- Wo wollen Sie üben?
- Wann sollen welche Ablenkungen eingeführt werden?

Wie wär's mit einem **Trainingstagebuch** für den Hund? Auf diese Weise können Sie den Verlauf des Trainings bis zum Erfolg dokumentieren, und Sie haben so auch für spätere Übungen immer etwas, auf das Sie zurückgreifen können.

Auszug aus Toscas Trainingstagebuch

Titel der Übung: „Drehen"

Definition der Übung
Der Hund soll in der Übung „Drehen" auf Signal sofort und an Ort und Stelle (ggf. auch aus der Bewegung) eine volle Drehung um seine eigene Achse nach links ausführen.

Signale
Sprachsignal: „Drehen"
Sichtzeichen: Fingerzeig mit rechter Hand in Richtung der gewünschten Bewegung.

Wie soll das Ziel erreicht werden? Methode/n? Hilfsmittel?
Technik: Im ersten Schritt Locken mit Futter, nach ca. fünf Wiederholungen nur noch Einsatz des Clickers.
Das Sichtzeichen ergibt sich aus dem Locken im ersten Trainingsschritt. Nach den Lockversuchen kann das Sichtzeichen zunächst beibehalten werden, in der Hand wird dann aber kein Futter mehr gehalten. Richtiges Verhalten soll dann über das Click und die nachfolgende Belohnung bestätigt werden.

Das Sprachsignal soll erst eingeführt werden, wenn das Verhalten in allen Details zuverlässig gezeigt wird.
Hilfsmittel: Erst Futter zum Locken, dann Clicker und Futterbelohnungen.

Trainingsverlauf

Datum	Einzelschritt	Kommentar
1. Tag **10 Uhr, Garten**	Locken mit Leckerchen, um Linksdrehung zu erreichen; Tosca links in Grundposition stehend 5 x	**guter Start**
14 Uhr, Küche	1 x Locken mit Leckerchen, dann weiter mit Clicker: Handbewegung, aber keine Leckerchen mehr in der Hand; Tosca in seitlicher Position links	**weiterhin gutes Ergebnis**
15 Uhr, Wiese	Locken mit Handbewegung; frontale Position	**Tosca weicht aus; Änderung nötig**
	Locken mit Handbewegung mit Leckerchen in Hand; frontale Position	**besser, aber kein freudiges Arbeiten von Tosca**
	Einsatz von Target-Stick und Clicker, um frontale Drehung zu erreichen	**gutes Gelingen**
2. Tag **10 Uhr, Garten**	Je 1 x Wiederholung der Übungen von gestern, danach Locken durch Handbewegung ohne Leckerchen in Hand; frontale und seitliche Position	**gutes Gelingen**
	Ab jetzt Abbau von Handbewegung, Einsatz von Clicker bei sauberer Drehung; Position seitlich	**8 von 10 Versuchen gut**
	Abbau von Handbewegung, Einsatz von Clicker bei sauberer Drehung; Position frontal	**4 von 10 Versuchen gut**
15 Uhr, Wiese	Click bei schneller Drehung in seitlicher Position, mit Handbewegung	**8 von 10 Versuchen gut**
	Einsatz von Clicker bei sauberer Drehung, frontal, anfangs 3 x mit deutlicher Handbewegung, dann nur noch kleines Sichtzeichen	**9 von 10 Versuchen gut**
17 Uhr, Büro	Schnelle saubere Drehung seitlich als Ziel, Versuch Handbewegung kleiner zu machen	**6 von 10 Versuchen gut**
	Frontal: Handbewegung doch noch etwas deutlicher	**10 Versuche in Folge gut**
3. Tag **10 Uhr, Garten**	Wiederholung von gestern: spontan je 3 x Drehung seitlich und frontal mit sehr kleinem Handzeichen! Ab jetzt: Einführung von Sprachsignal	**gutes Gelingen**

Datum	Einzelschritt	Kommentar
15 Uhr, Wiese	Sprachsignal und nur subtiles Sichtzeichen, bei guter Ausführung wird geclickt; Position seitlich	**8 von 10 Versuchen gut**
	Sprachsignal und nur subtiles Sichtzeichen; Position frontal	**7 von 10 Versuchen gut**
16 Uhr, Küche	Versuch von Trainingsreihe: 3 x Kombination Sprache und Zeichen, dann 1 x nur Sprache; frontale Position	**weiterhin gute Ausführung bei Sprachsignal; deshalb Jackpot**
17 Uhr, Büro	Wiederholung: klappt gut, deshalb gleiche Übung links seitlich aus dem Fußlaufen	**8 von 10 Versuchen gut**
5. Tag 10 Uhr, Garten	Einsatz von Target-Stick, um die Drehung auf eine geringe Entfernung zu üben; Signal: Sprache; Position frontal	**klappt spontan sehr gut**
15 Uhr, Wiese	Ohne Target-Stick mit Sichtzeichen und Wortsignal Drehung auf geringe Entfernung versucht; Position frontal	**4 von 10 x gut, 6 x ist Tosca erst näher gekommen und hat sich dann gedreht.**
	Wieder Target-Stick eingesetzt, aber nur noch Bewegung angedeutet, Kommando über Sprache	**10 x in Folge gut geklappt**
17 Uhr, Büro	Sprachkommando und angedeutetes Sichtzeichen für Drehung auf Entfernung; Position frontal	**gut geklappt, Jackpot**
6. Tag 10 Uhr, Garten	Position: linke Grundstellung „Drehen" (nur Sprache)	**spontan gut gelungen**
	Position: links, Fußlaufen: „Drehen" (nur Sprache)	**spontan gut gelungen, Jackpot**
15 Uhr, Wiese	„Drehen" frontal, nur Sprache	**sehr gut**
	„Drehen" seitlich, nur Sprache	**sehr gut**
	„Drehen" aus Bewegung mit Sprache und angedeutetem Sichtzeichen	**gut, aber etwas langsamer als sonst**
17 Uhr, Garten	„Drehen" aus Bewegung, schnelle Ausführung: Click und Jackpot	**Nach 5 Versuchen Jackpot erreicht**

Datum	Einzelschritt	Kommentar
7. Tag **10 Uhr, Garten**	„Drehen" aus Bewegung, Wortsignal und unauffälliges Sichtzeichen	**gelingt gut,** **schnelle Ausführung**
14 Uhr, Wiese	„Drehen" auf Entfernung, nur Sprache	**super, Jackpot**
16 Uhr, Büro	„Drehen" aus Bewegung	**langsame** **Ausführung**
20 Uhr, Küche	„Drehen" aus Fußlaufen links	**für schnelle Ausführung Jackpot (6 von 10 x gut gelungen)**
8. Tag **9.30 Uhr,** **Hundetreff**	„Drehen" aus Bewegung auf Sprachkommando	**gut trotz Ablenkung, aber etwas langsamer als sonst**
16.30 Uhr, **Bushaltestelle**	„Drehen" frontal auf Sprachkommando	**spontan perfekt, Jackpot**
	„Drehen" seitlich, nur Sprachkommando	**gut**
19.45 Uhr, **Gehsteig**	„Drehen" aus Bewegung, nur Sprachkommando	**gut**
9. Tag **19 Uhr,** **Hundegruppe**	alle Varianten von „Drehen" geübt, mit und ohne Sichtzeichen, seitlich, frontal, aus Bewegung, auf Entfernung	**gute Leistung, ab jetzt variable Belohnung**
11. Tag **10 Uhr, Garten**	„Drehen" nach 3., 7., 1. und 4. x belohnt	**gut**
15 Uhr, Wiese	Das „Drehen" ist Toscas Lieblingsübung. Sie tendiert dazu, in anderen Übungen das „Drehen" anzubieten, wenn sie nicht weiter weiß	**kein Feedback für spontanes Zeigen der Übung wegen Aufbau von Signalkontrolle**
17 Uhr, Büro	Training von Kombinationen mit „Drehen" als letzte Übung	**„Drehen" als Übungsabschluss, weil es Belohnungscharakter hat**
26. Tag	„Drehen" klappt inzwischen sehr gut, auch unter stärkerer Ablenkung.	**Trainingsziel erreicht** ☺

Trainingsgrundsätze und Regeln

- Das Training soll Hund und Halter gleichermaßen Spaß machen.
- Üben Sie nur, wenn Sie gute Laune haben!
- Benutzen Sie moderne und auf positiver Verstärkung aufbauende Trainingsmethoden.
- Verzichten Sie darauf, bei Ungehorsam Druck auf Ihren Hund auszuüben. „Schlagen" Sie Ihren Hund lieber mit Hundepsychologie, wenn es die Situation erfordert, und überdenken Sie den Trainingsansatz.
- Bewahren Sie Ihre Geduld. Bedenken Sie, dass auch wir Menschen immer wieder einmal Fehler machen. Hunde stehen uns diesbezüglich in nichts nach …
- Achten Sie auf die Konzentrationsfähigkeit Ihres Hundes. Üben Sie lieber oft, aber immer nur kurz, um immer die optimale Konzentration zu nutzen.
- Beenden Sie Übungssequenzen stets mit einem freudigen Abschluss, zum Beispiel mit einer gut gelungenen neuen oder einer ganz einfachen alten Übung. Achten Sie darauf, das Training rechtzeitig zu beenden, bevor Ihr Hund Sie stehen lässt.
- Wenn irgendetwas einmal nicht gelingt, sollten Sie das Training mit einer ganz einfachen Übung abschließen. Starten Sie zu einem anderen Zeitpunkt mit einer besseren Strategie, schmackhafteren Belohnungen und ggf. sogar an einem anderen Trainingsort neu.

Trainingsatmosphäre

Damit Sie wirklich effizient mit Ihrem Hund arbeiten können, ist ein hohes Maß an Konzentration erforderlich. Das kann trainiert werden.

Als grundsätzliche Trainingsvoraussetzung gilt es, Druck und Überforderung zu vermeiden. Drohelemente sollten Sie umgehen oder, sofern sie in einer bestimmten Übung nicht vermieden werden können, als einen Schlüssel zu persönlichem Erfolg vermitteln. Auch andere vermeidbare Stressoren wie beispielsweise Durst sind konsequent auszuschalten.

Als Trainingsdevise sollte pro Übungseinheit gelten: **Weniger ist mehr**.

Überforderung und Missverständnisse führen schnell dazu, dass der Hund Übersprungshandlungen zeigt und irgendein Programm abspult, weil er nicht sicher weiß, was er tun soll. Solch ein Verhalten ist stressgesteuert. Frust auf Seiten des Hundes und des

Halters sind die Folge und stehen einem schnellen Erreichen des Trainingsziels entgegen.

Zusammenfassung
Häufige kurze Übungseinheiten sind langen Sitzungen vorzuziehen. Hören Sie auf, wenn es am besten klappt und machen Sie sich von dem alten „Einmal-geht-noch"-Fehler frei! Beenden Sie auch Übungseinheiten, in denen ein – vielleicht nur kleiner – Durchbruch erzielt werden konnte, mit einem Jackpot und gönnen Sie dem Hund danach eine Pause. Bedenken Sie, dass die Leistung des Hundes doppelt zählt, denn er muss zwei Dinge bewältigen: Er muss verstehen, was Sie von ihm wollen und es dann umsetzen. Als Mensch hingegen gibt man in der Trainingssituation nur die Anweisung.

1 Konzentrierte Ruhe

Die konzentrierte Ruhe ist eigentlich keine echte Übung, sondern eine Trainingsbedingung, die jedoch formbar ist und deshalb als Übung beschrieben werden soll. Mit ihr steht und fällt ein gutes Gelingen von Gehorsamsübungen, Spaßübungen und Tricks oder Kunststücken.

Um ein hohes Maß an konzentrierter Ruhe für das gemeinsame Arbeiten zu erreichen, müssen Sie dem Hund klar vermitteln, wann gearbeitet wird und wann nicht. Auf diese Weise kann man auch den Hunden den Wind aus den Segeln nehmen, die gerne trainieren, aber gleichzeitig Aufmerksamkeit

heischendes Verhalten zeigen, indem sie sich immer und überall anbieten.

Führen Sie ein **Signal für den Übungsstart** ein. Und lösen Sie alle Übungen immer klar mit einem **Freizeitzeichen** auf. Lassen Sie sich darüber hinaus nicht vom Hund um den Finger wickeln und ignorieren Sie konsequent Aufmerksamkeit heischendes Verhalten.

Signal für den Übungsstart: Beginnen Sie sämtliche Trainingseinheiten mit einem speziellen Wort. Sagen Sie beispielsweise in einem freundlichen Tonfall: „Los geht's!". Der Hund muss keine Handlung ausführen, lernt aber schnell, dass das „Los geht's!" die Einleitung ins Training ist. Schon nach kurzer Zeit können Sie den Hund in Arbeitsstimmung versetzen, wenn Sie ihm dieses Signal geben, da er es mit der nachfolgenden Trainingssituation verbindet, die ihm Spaß macht.

Freizeitzeichen: Mit dem Freizeitzeichen wird der Hund ins Spiel oder in eine Pause entlassen. Beenden Sie auch im Alltag alle Übungen mit dem Freizeitzeichen, sonst kann der Hund nicht wissen, wie lange er bei der Stange bleiben muss. Früher oder später würde er sonst auch ohne Freizeitzeichen die Übung selbständig auflösen, was einem guten Gehorsam entgegensteht. Das Freizeitzeichen ist genau wie das Signal für den Übungsstart keine eigene Übung. Wenn der Hund zum Beispiel erst „Sitz" machen sollte und Sie die Übung dann mit dem Freizeitzeichen auflösen, ist es

Durch den konzentrierten Blick auf seine Besitzerin signalisiert dieser Hund seine Aufmerksamkeit.

kein Fehler von seiner Seite, wenn er sitzen bleibt. Er „möchte" dann halt in seiner Freizeit sitzen, sollte nun aber keinerlei Aufmerksamkeit mehr von Ihnen bekommen.

Basisübung: Ein hohes Maß an konzentrierter Ruhe zu erreichen ist denkbar einfach: Belohnen Sie Ihren Hund dafür, dass er Sie anschaut. In dieser Übung kann der Clicker sehr gut eingesetzt werden, denn dann kann man auch das Anschauen in einiger Entfernung genau im richtigen Moment bestätigen und somit verstärken.

Wenn Ihr Hund schon gut auf Sie konzentriert ist und Sie oft anschaut, können Sie die Belohnung seltener geben bzw. nur noch längere Phasen von Aufmerksamkeit belohnen.

Übungsvarianten

Eine gute Ergänzung ist folgende Übung: Stellen Sie dem Hund ein Leckerchen oder ein Spielzeug in Aussicht und verleiten Sie ihn damit, jeder Ihrer Bewegungen zu folgen. Für Mensch und Hund gleichermaßen leicht ist dies, wenn Sie zunächst rückwärts loslaufen. Ihr Hund läuft dann auf Sie zu, wenn er konzentriert ist und Ihren Bewegungen folgt. Hierbei haben Sie gut im Blick, was Ihr Hund macht. Sie haben nun die Möglichkeit, jeden Blickkontakt zu belohnen. Sobald der Hund diese Übung gut mitmacht und praktisch die ganze Zeit aufmerksam Blickkontakt hält, können Sie Wendungen, Drehungen oder Stopps einführen. Auch auf den Hund zuzulaufen oder den Hund in die Fuß-Position zu lotsen sind gute Abwandlungen.

Für Fortgeschrittene soll diese Übung noch weiter erschwert werden. Ihr Hund soll nun lernen, auch in Übungen, die ihm besonders viel Spaß bereiten und die ihn in freudige Erregungslage versetzen, konzentrierte Ruhe zu bewahren.

Die Ablenkung durch den Ball macht dem Hund nichts mehr aus, er ist auf Teamwork eingestellt.

Beispiel

Wenn die Lieblingsaufgabe des Hundes die Verloren-Suche von Gegenständen ist und er entweder dazu tendiert zu starten, bevor man ihn schickt oder beim Warten jault, kann man folgendermaßen vorgehen:

Lassen Sie den Hund „Sitz" oder „Platz" und „Bleib" machen. Legen Sie dann einen für den Hund gut sichtbaren Apportgegenstand aus. Gehen Sie nun zu Ihrem Hund zurück und belohnen Sie ihn für jeden Blick, den er Ihnen zuwirft. Setzen Sie seine Lieblingsbelohnung ein! Sie sollten ihn erst dann starten lassen, wenn er völlig zur Ruhe gekommen ist und über die Konzentration fast schon vergessen zu haben scheint, dass er eigentlich apportieren wollte.

Belohnen Sie ihn in diesem Fall **nicht** für die Apportaufgabe. Überhaupt starten zu dürfen, ist in diesem Fall Belohnung genug! Bedenken Sie, dass die Konzentration in einer solchen Ablenkungssituation für den Hund schwierig ist. Üben Sie deshalb zunächst diese anspruchsvolle Aufgabe nur einmal. Gönnen Sie ihm danach ein bisschen Freizeit oder machen Sie eine andere Übung, die ihm Spaß macht und in der er von sich aus mehr Ruhe hält.

Tipp

Je langweiliger Sie zu Beginn die eigentliche Lieblingsübung gestalten (etwa beim Apportieren über eine sehr kurze Entfernung zum Gegenstand), umso leichter können Sie Ihren den Hund zu konzentrierter Ruhe anhalten. Später sind auch hier noch Steigerungen möglich (z. B. indem Sie den Apportgegenstand nicht auslegen, sondern werfen).

2 Freudige Erwartungshaltung

Ähnlich wie bei der konzentrierten Ruhe handelt es sich auch bei der freudigen Erwartungshaltung nicht um eine Übung im eigentlichen Sinn. Dennoch ist es ein trainierbarer Zustand. Nach Bedarf kann für diesen Zustand sogar ein eigenes Signal, z. B. „Achtung", eingeführt werden.

Setzen Sie das Signal „Achtung" immer dann ein, wenn Ihr Hund gute Laune hat, weil er zum Beispiel ahnt, dass er gleich seine Lieblingsübung machen darf, weil Sie mit ihm spielen oder weil es ihm einfach gut geht. Benutzen Sie „Achtung" darüber hinaus auch in den Momenten, in denen Ihr Hund gut konzentriert ist. Stecken Sie ihm ab und zu, wenn Sie gut erkennen können, dass Ihr Hund in freudiger Stimmung ist, nachdem Sie „Achtung" gesagt haben, ein Leckerchen zu. Das unterstreicht die freudige Haltung noch zusätzlich.

3 Lobwort

 Belohnungen sind für den Hund eine tolle Sache und stellen eine wichtige Basis für ein erfolgreiches, spaßorientiertes und stressfreies Training dar. Dennoch kann oder möchte man nicht immer mit Futter oder Spielzeug hantieren. Besonders für Situationen im fortgeschrittenen Trainingsstand sollten Sie Ihrem Hund alternativ auch mit einem Lobwort vermitteln können, dass er eine tolle Leistung vollbracht hat.

Hunde mit der Stimme zu loben funktioniert aber nur, wenn man ihnen beigebracht hat, dass das Lobwort eine positive Bedeutung hat. Das Wort alleine hat für sie zunächst keinerlei Bedeutung.

Um einen Hund effektiv mit der Stimme loben zu können, müssen Sie also erreichen, dass das Lobwort beim Hund ein Gefühl von Wohlbefinden auslöst. Das klappt, wenn Sie es genau wie den Clicker (s. Seite 9) mit einer Konditionierungsübung aufbauen.

Anfangs sollten Sie das Lobwort in Kombination mit Lieblingsübungen einsetzen. Sagen Sie es direkt, nachdem Ihr Hund seine Lieblingshandlung ausgeführt hat. Er ist in diesem Moment sowieso gut gelaunt und braucht für diese Übung auch nicht zwingend eine echte Belohnung, da die Lieblingsübung als solche schon Belohnungscharakter hat.

Die zusätzliche Aufmerksamkeit von Ihnen, die er in Form der Ansprache für diese Übung erfährt, wertet die ganze Sache noch mehr auf. Diese positive Stimmung verbindet der Hund nach einigen Wiederholungen mit dem Lobwort, sodass das Wort später selbst Belohnungseffekt hat.

Zusätzlich kann man das Lobwort weiter festigen, indem man es immer wieder in Momenten einsetzt, wenn der Hund von sich aus in einer freudigen Stimmung ist, etwa wenn man nach Hause kommt und er einen begrüßt, wenn man ihm seinen Fressnapf hinstellt oder mit ihm spielt oder schmust – je nachdem, was der Hund besonders liebt. Auf diese Weise ist gewährleistet, dass der Hund mit dem Wort immer Positives assoziiert.

Wenn Ihr Hund das Lobwort schon als Belohnung bewertet, können Sie es im fortgeschrittenen Trainingsstand im Rahmen des unvorhersehbaren Belohnungsschemas immer wieder einmal anstelle eines Leckerchens einsetzen.

4 Korrekturwort

Mit einer Korrektur können Sie Ihrem Hund vermitteln, dass er auf dem Holzweg ist, aber bei Umorientierung durchaus Chancen auf Erfolg hat.

Je mehr Sie auf eigenständiges Arbeiten Ihres Hundes setzen, desto seltener werden Sie eine Korrektur benötigen. Beim freien Formen (s. Seite 50 ff.) beispielsweise sollten Sie auf Korrekturen ganz verzichten. Bei einem Verhalten, das nicht zum Erfolg führt, korrigiert sich der Hund hier durch das Ausbleiben einer Bestätigung selbst – zum Beispiel durch das vergebliche Warten auf das „Click".

Achten Sie im Training darauf, dem Hund das Lernziel so klar wie möglich und in kleinen Schritten zu vermitteln. Dann werden Sie kaum Korrekturen für den Hund benötigen.

Als goldene Regel sollte gelten: Jeder Fehler, der ignoriert werden kann, soll ignoriert und nicht korrigiert werden! Bei Beherzigung dieser Regel bleibt der Hund stets offen dafür, eigenständig neue Verhaltensweisen nach dem Prinzip „Versuch und Irrtum" auszuprobieren.

Dem Hund das Korrekturwort zu vermitteln ist dennoch ein sinnvoller Schritt in der Hundeerziehung. Unerwünschtes Verhalten kann mit dem Korrekturwort stressfrei unterbrochen werden. Das Korrekturwort dient hierbei nur der Korrektur, niemals als „Strafe"! Der Hund soll hierbei lernen, dass er etwas verändern muss, um den vollen Erfolg zu haben. Sprechen Sie auch das Korrekturwort deshalb immer leise und freundlich aus!

> **Tipp**
> Bei einem Hund, der neu mit dem **Clickertraining** konfrontiert wird, stellt das Korrekturwort oft eine Hürde dar, denn es unterbricht spontan gezeigtes Verhalten. Dies kann einen sensiblen Hund verwirren und daran hindern, andere spontane Handlungen auszuführen. Es ist zwar auch bei diesen Hunden ratsam, das Korrekturwort frühzeitig zu trainieren, aber dennoch zunächst nicht bei Clickerübungen einzusetzen.

Wenn Sie einen sensiblen Hund oder einen Clickeranfänger in einer Übung korrigieren möchten, ist das Ignorieren meist die beste Methode.

Korrekturwort Übung 1

Halten Sie in jeder Hand mehrere Leckerchen und lassen Sie den Hund aus der Hand, an die er mit der Nase drangeht, ein Leckerchen fressen. Wiederholen Sie die Übung mehrere Male hintereinander. Sagen Sie dann in einem beliebigen Moment, wenn der Hund sich wieder ein Leckerchen einfach nehmen will, Ihr Korrekturwort – z. B. „Schade" – und verweigern das Leckerchen in der Hand, an die der Hund gerade dran wollte.

Sollte Ihr Hund auf die Idee kommen, das Leckerchen aus der anderen Hand zu fressen, stellt dies eine Umorientierung des Verhaltens dar und er darf es haben. Obendrein kann er auch noch gelobt werden!

Benutzen Sie das Korrekturwort „Schade" auch bei dieser Übung nur ab und zu und in unregelmäßigen Abständen, einmal bei der rechten, einmal bei der linken Hand. Der Hund soll schließlich weder lernen, dass er aus der Hand nichts nehmen darf, noch diese Übung mit einer speziellen Seite zu verknüpfen.

Mit fortgeschrittenem Trainingsstand können Sie Ihre Hände immer weiter auseinander halten. Der Hund wird sich nach der Korrektur nicht nur der anderen Hand zuwenden, sondern auch ein paar Schritte laufen, um an das Belohnungsleckerchen zu kommen. Er zeigt hierbei also ein echtes Alternativverhalten.

Korrekturwort Übung 2

Legen Sie auf die flache Hand ein Leckerchen und lassen Sie es den Hund

Dieser Hund muss nach der Korrektur (1) nur kurz überlegen (2) und entscheidet sich dann für ein Alternativverhalten (3).

fressen. Wiederholen Sie diese Übung etliche Male. Sagen Sie dann genau in dem Moment, wenn sich der Hund der Hand nähert, „Schade" und schließen Sie die Hand, um sicher zu verhindern, dass der Hund das Leckerchen fressen kann. Stellt Ihr Hund sein Bemühen ein, kann er mit seinem Lobwort, dem Clicker oder direkt mit einem Leckerchen – möglichst aus der anderen Hand – belohnt werden. Dann fährt man fort, ihm wieder eine ganze Weile lang Leckerchen anzubieten, die er haben darf, bis man irgendwann wieder einmal eines durch „Schade" verweigert und so weiter ...

Diese Übung können Sie auch mit einer Hilfsperson trainieren. Ein wichtiger Nebeneffekt bei dieser Übung ist, dass man dem Hund gut vorgaukeln kann, man sei „allwissend". Das bedeutet für den Trainingsaufbau, dass die Hilfsperson dem Hund das Leckerchen immer dann zuverlässig verweigern muss, wenn man „Schade" gesagt hat. Auf diese Weise vermittelt man dem Hund, dass man es stets besser weiß als er und dass er, sobald er „Schade" gehört hat, gleich mit seiner aktuellen Handlung aufhören kann. In den Übungsanfängen sollte der Hund dann für ein beliebiges Alternativverhalten belohnt werden.

> **Tipp**
> Im Training kann es Ihnen immer einmal passieren, dass Ihnen selbst irgendetwas misslingt, weil Sie beispielsweise den Moment verpasst haben, den Hund auf den richtigen Weg zu bringen und er deshalb einen Fehler macht oder einfach nicht mehr weiß, was er tun soll. In diesem Fall sollte das Korrekturwort **nicht** zum Einsatz kommen, sondern der Fehler ignoriert werden – schließlich waren Sie selbst schuld!

Obwohl sich ein gut aufgebautes Korrekturwort durchaus bezahlt macht, hat es dennoch im Training von neuen Übungsinhalten einige Nachteile: Zum einen nimmt man dem Hund nicht die Unsicherheit in der Übung, die er nicht oder nicht richtig ausgeführt hat. Trotz Korrektur weiß er ja schließlich noch nicht, wie es richtig geht. Er weiß bestenfalls, was **keinen** Erfolg bringt. Zum anderen ist auch der Einsatz eines Korrekturwortes mit Aufmerksamkeit verbunden, und jede Form der Aufmerksamkeit hat auch immer einen gewissen Belohnungscharakter.

Eine Alternative kann in einigen Fällen sein, dem Hund rechtzeitig eine andere Übung abzuverlangen, die er gut beherrscht. Dann wird zwar die Übung nicht so umgesetzt, wie es geplant war, der Hund handelt aber dennoch im Auftrag und macht dementsprechend keinen Fehler. Gestalten Sie die ursprünglich angestrebte Übung beim nächsten Versuch einfacher, um ein solches Missgeschick auszuschließen.

Gehorsamsschulung

Ein zuverlässiger Gehorsam ist eine wichtige Ausgangsbasis, um sich dem Sport- oder Spaßsektor der Hundeerziehung zu widmen. Denken Sie aber bitte auch bei den Gehorsamsübungen daran, dass das Training Spaß machen sollte! Es gibt keinen Grund, hier die Regeln der Lerntheorie zu missachten oder im Gehorsamstraining Druck aufzubauen, statt die Leistung des Hundes in kleinen Schritten durch positive Bestärkung zu formen.

Ein kleiner Trick für Sie und Ihren Hund besteht darin, die manchmal auf den ersten Blick etwas langweiliger erscheinenden Gehorsamsübungen im Training mit Übungen abzuwechseln, die beiden Partnern – Mensch und Hund – riesigen Spaß bereiten.

Es lohnt sich auch im Grundgehorsam, in einem Trainingstagebuch den Übungsaufbau und die erzielten Fortschritte zu dokumentieren. Sie werden sehen, wie viel Freude und Erleichterung es im Alltag mit sich bringt, wenn ein Trainingsstand erreicht ist, bei dem Sie sich auf Ihren Hund verlassen können!

Zur stetigen Gehorsamsschulung reicht es, im Alltag einfache Varianten der Grundgehorsamsübungen immer wieder einmal zu verlangen, sodass der Hund in Schwung bleibt. Gleichzeitig vermitteln Sie dem Hund durch solche kleinen Aufgaben auch das Gefühl, wirklich in den Alltag eingebunden zu sein.

Im Folgenden werden einige Spielregeln und Übungen vorgestellt, durch die Sie sowohl das Zusammenleben als auch das Training mit dem Hund noch erheblich verfeinern und verbessern können. Wenn Sie Interesse an weiterführender Schulung in puncto Gehorsam haben, bietet es sich an, einen Obedience-Kurs zu belegen.

5 Aufmerksamkeitssignal

Bauen Sie ein Signal auf, das so viel wie „Pass auf!" bedeutet, denn dann können Sie den Hund mit Leichtigkeit wieder auf sich konzentrieren, wenn er einmal unaufmerksam war. Das Training dieses Signals ist denkbar einfach:

Stecken Sie Ihrem Hund ein schmackhaftes Häppchen zu, und zwar während bzw. im Idealfall ca. eine halbe Sekunde, nachdem Sie sein neues Signal ausgesprochen haben. „Schau mal" oder „Pass auf" sind als Kommando gut geeignet. Wiederholen Sie diese Übung immer wieder, bis

Ihr Hund sofort auf das Signal reagiert und hochschaut, weil er das Häppchen haben möchte. Wenn dies gut gelingt, können Sie ihn mit dem Aufmerksamkeitssignal anreizen und ihm dann, aber erst einen kurzen Moment später, das Leckerchen geben. Ziel ist es hier, dass sich der Hund dabei die ganze Zeit auf Sie bzw. sein Häppchen konzentriert.

Nach und nach gilt es, diese Übung unter steigender Ablenkung umzusetzen. Im Alltag können Sie das Aufmerksamkeitssignal auch vor Übungen einsetzen, die dem Hund viel Freude bereiten, denn so lernt er, dass sein persönlicher Spaß auch von seiner bereitwilligen Mitarbeit abhängt.

6 Kontrollkommando

Trainieren Sie mit dem Hund ein Kontrollkommando, um Spannung aufzubauen. Auch diese Übung ist denkbar einfach umzusetzen.

Schritt 1: Werfen Sie ein Leckerchen auf den Boden und halten Sie den Hund ggf. an der Leine so fest, dass er das Leckerchen nicht fressen kann. Lassen Sie den Hund dann mit dem Kontrollkommando (z. B. „Okay") zum Leckerchenfressen los.

Schritt 2: Im zweiten Trainingsschritt wird etwas mehr vom Hund verlangt, denn er soll nun die Erlaubnis, sich das Leckerchen zu holen, erst bekommen, wenn er Sie einmal angeschaut hat und Sie ihn dann mit dem Kontrollkommando losgeschickt haben.

Schritt 3: Bis jetzt hat der Hund gelernt, dass er auf Kommando loslegen darf. Jetzt soll er auch noch lernen, dass er ohne Kommando nicht an das Leckerchen gehen soll. Lassen Sie den Hund nun ohne Leine und werfen Sie wieder ein Leckerchen auf den Boden. Achten Sie aber darauf, dass das Leckerchen so nah bei Ihnen liegt, dass Sie notfalls mit dem Fuß draufsteigen können. Schicken Sie den Hund los, das Leckerchen zu fressen, wenn er sich gut verhält und auf Ihr Kontrollkommando wartet. Sollte er gleich losstürzen wollen, um das Leckerchen zu fressen, müssen Sie schneller sein und das Leckerchen mit Ihrem Fuß sperren. Belohnen Sie ihn in diesem Fall mit einem anderen Leckerchen, wenn er Sie anschaut. Nehmen Sie dann wieder Ihren Fuß von dem Leckerchen auf dem Boden weg und wiederholen Sie die Übung.

Allgemeine Spielregeln

Im Spiel oder in Ernstsituationen nicht ungehemmt die Zähne einzusetzen, also eine gute **Beißhemmung** zu haben, ist ebenfalls etwas, das erst erlernt werden muss.

Hinweis
Das „Lernzeitfenster", währenddessen die Beißhemmung geübt und erlernt werden kann, ist nur bis etwa zum 5. Lebensmonat offen. Eine gute Beißhemmung bedeutet keinesfalls, dass ein Hund – je nach Situation – nicht beißen

Hier setzt der Hund den zweiten Lernschritt des Kontrollkommandos um. Er weiß bereits, um was es geht.

wird. Hat er eine gute Beißhemmung erlernt, wird er jedoch keine oder zumindest keine schweren Verletzungen dabei verursachen. Ein Hund mit einer schlechten Beißhemmung hingegen wird in derselben Situation massive Verletzungen setzen.

Im Spiel mit anderen Hunden lernen die Welpen und Junghunde schnell, dass nur dann weitergespielt wird, wenn sie dem anderen nicht zu sehr weh tun, denn sonst bekommen sie entweder massiv Paroli geboten oder aber das Spiel wird abgebrochen. Letztere Lernerfahrung sollten die jungen Hunde auch mit dem Menschen machen. Beim Üben und Spielen mit einem älteren Hund sollten die folgenden Spielregeln ebenfalls eingehalten werden.

Spielregel 1: Die Anwendung der roten Karte oder auch das Ende des Spiels: Sobald der Hund mit seinen Zähnen spürbar Haut oder Anziehsachen berührt, ist das Spiel zunächst sofort kommentarlos und emotionslos zu Ende! Erst nach ein paar Minuten kann der Hund eine zweite Chance bekommen. Wichtig ist, dass der Hund sehr wohl die Chance zu sozialem Spiel bekommt (hierbei setzen Hunde immer auch die Schnauze ein) und er in Kombination mit Spielregel 2 den Unterschied zwischen seinem braven Spiel und der „roten Karte" lernt.

Spielregel 2: Im Sozialspiel mit dem Menschen gilt grundsätzlich die Regel, dass auch beim Kuscheln das Maul samt der Zähne nur kontrolliert eingesetzt werden darf. Ein sehr vorsichtiges Maulspiel kann toleriert werden, ansonsten wird sofort Spielregel 1, die rote Karte, angewandt.

Hinweis
Verwehrt man dem Hund grundsätzlich das Spiel mit dem Maul, kann er in Bezug auf den Menschen keine gute Beißhemmung lernen.

Für unsere Sportler
Die **gelbe Karte** bekommt der Hund als Verwarnung in Form eines kurzen schrillen Aufschreiens/Quiekens des Spielkumpanen, wenn ein Milchzahn/Zahn spürbar die Haut berührt. Gerne darf hier die Schwalbentechnik in Form eines übertriebenen Schmerzlautes angewandt werden, auch wenn es eigentlich gar nicht weh getan hat!
Beim zweiten Vergehen ist die **rote Karte** fällig! Der Hund wird für ein paar Minuten kommentarlos vom Platz gestellt. In dieser Zeit soll er vollständig ignoriert, also nicht angefasst, nicht angeschaut und nicht angesprochen werden! Bei einigen Hunderabauken lässt sich dieses Time-Out nur umsetzen, indem Sie den Hund räumlich isolieren. Selbstverständlich sollte er in dieser Zeit auch keine Zuwendung von anderen Familienmitgliedern bekommen.

Auch im Spiel mit Objekten gibt es für den Hund einige Regeln zu lernen:
Spielregel 3: An Objekten zergeln darf der Hund nur nach ausdrücklicher

Aufforderung! Gleichzeitig können Sie hierbei ein **Spielkommando** etablieren, das Sie immer sagen, wenn Sie den Hund zum Zergeln animieren. Sobald eine ausreichende Festigung mit dem Kommando erreicht ist, lassen Sie sich auf kein Ziehspiel mehr ein, ohne dass Sie dem Hund vorher das Startsignal, also sein Spielkommando, gesagt haben.

Spielregel 4: Sollte der Hund einmal auf die Idee kommen, ohne Spielkommando nach einem Objekt, das man in der Hand hält, zu schnappen, wird unabhängig davon, ob er einem dabei wehgetan hat oder nicht, Spielregel 1 angewandt und der Hund für ein paar Minuten vom Platz gestellt.

Spielregel 5: Bereitwilliges Abgeben von Objekten (☞ Übung „Aus"). Diese Übung kann durch Tauschgeschäfte erreicht werden. Die Tauschgeschäfte sollen in drei Schritten trainiert werden:

- Dem Hund wird, während er noch in das Spielobjekt beißt, ein lukratives Angebot (Leckerchen oder Lieblingsspielzeug) gemacht. Das heißt, er darf das Tauschobjekt zunächst sehen und sich bewusst für das Tauschobjekt entscheiden. Sobald er das Maul öffnet, um das Tauschobjekt zu fassen, soll das „Aus"-Kommando gesagt werden.
- Im zweiten Schritt soll das Kommando „Aus" immer kurz vor dem Zeigen des Tauschobjektes benutzt werden.
- Erst im dritten Schritt soll der Hund das Tauschobjekt gar nicht mehr gezeigt bekommen, solange er das andere Objekt noch nicht freigegeben hat. Wichtig ist aber, dass die Beloh-

nung, also das Tauschobjekt, zunächst immer von höherer Qualität ist als das, was der Hund abgeben soll!

Spielregel 6: Diese Spielregel ist eigentlich mehr für den Menschen: Lassen Sie sich nicht auf ein Nachlaufspiel mit dem Hund ein, um ihm irgendetwas abzuringen, das er sich geschnappt hat. Tricksen Sie lieber und präsentieren Sie wesentlich interessantere Objekte. Machen Sie sich damit wichtig, um die Neugierde des Hundes zu wecken. Je weniger Interesse Sie an dem Objekt bekunden, das Ihr Hund gerade hat, umso besser wird dieser Trick gelingen.

Spielregel 7: „Ohne Arbeit kein Vergnügen". Futterbelohnungen stehen für alle Hunde hoch im Kurs. Die Begeisterung für Futter hängt aber sehr stark sowohl von der Qualität des Futters als auch von der Zugänglichkeit desselben ab. Ein gewisses Maß an Appetit steigert die Begeisterung, für Futter zu arbeiten, ungeheuerlich. Lassen Sie Ihren Hund für sein Futter arbeiten! Stellen Sie aus verschiedenen Sparten (Gehorsam, Spaßübungen oder Spiele) einen interessanten Übungsplan zusammen.

Spielregel 8: Sollte der Hund bei der Fütterung oder bei der Verteilung eines Belohnungsleckerchens zu gierig sein und nach dem Futter samt Ihrem Finger bzw. der Hand schnappen oder ungestüm mit den Zähnen an Ihrer Hand herumlaborieren, gibt es **nichts!** Halten Sie also das Leckerchen mit extremer Verbissenheit fest, solange der Hund mit den Zähnen seine Belohnung ergattern will! Vermitteln Sie ihm, dass die Futterausgabe von seiner „vornehmen" Zurückhaltung abhängt. Verfahren Sie ggf. nach der Spielregel 1, wenn der Hund Ihnen weh tut!

Hohe Erregungslagen
In hoher Erregungslage ist die Kontrolle über den Hund immer schlecht. Konzentration ist in diesen Momenten nicht möglich. Auch die Beißhemmung ist niedriger bzw. die Tendenz zu aggressivem Verhalten höher.

Spielregel 9: Achten Sie darauf, dass der Hund nicht in zu hohe Erregungslage gerät. Brechen Sie Szenen, in denen das Tier so hoch erregt ist, dass die Kontrolle versagt, konsequent ab. Sollten sich hierbei Probleme ergeben, ist es oft sinnvoll, die Hilfe eines modernen und erfahrenen Hundetrainers oder auf Verhaltenstherapie spezialisierten Tierarztes in Anspruch zu nehmen.

Verfahren Sie im Alltag stets nach der Spielregel 1, wenn Ihr Hund zu wild wird. Rufen Sie ihn in dem Fall, dass er im Spiel mit Artgenossen zu sehr aufdreht, rechtzeitig aus dem Spiel heraus und machen Sie mit ihm eine Ruheübung, die ihm Spaß macht. Eine mögliche Ruheübung, die fast jeder Hund schätzt, ist das Suchen von Lieblingsfutterbrocken auf dem Boden. Sie können hier das Kontrollkommando einsetzen. Natürlich sind auch andere, speziell auf Ihren Hund abgestimmte Übungen möglich.

Spielregel 10: Trainieren Sie die Frustrationsfähigkeit des Hundes in einer einfachen Übung mit Leckerchen und erweitern Sie diese Übung, bis sie den Charakter eines Alltagsgesetzes angenommen hat. Die perfekte Übung, um dieses Ziel zu erreichen, ist das **Kontrollkommando** (s. Seite 34).

Übertragen Sie diese Übung dann auf Alltagssituationen, indem Sie dem Hund immer wieder einmal für einen kurzen Moment irgendetwas, was er gerade haben oder tun möchte, verwehren und ihm dann mit dem Kontrollkommando die Freiheit geben, genau das zu tun, was er so dringlich tun wollte.

Auf diese Weise steigern Sie nicht nur die Frustrationsfähigkeit des Hundes, sondern stellen sich als souveräner Rudelführer dar, der die Karten in der Hand hat. Achten Sie auch hier darauf, dass der Hund sich – anfangs nur kurz – auf Sie konzentriert, bevor er loslegen darf.

Die tägliche Trainingsroutine

Überlegen Sie sich vor jedem Spaziergang je eine Grundgehorsams-, eine Geschicklichkeits- und eine Spaßübung sowie ein Spiel. Bei neuen Übungen ist es sinnvoll, diese in einem Trainingstagebuch zu notieren, um den Trainingsverlauf zu dokumentieren. Nutzen Sie dann den Spaziergang, um Ihren Trainingsplan umzusetzen, und wechseln Sie diese Übungen miteinander ab. Üben Sie jede der Übungen aber stets nur sehr kurz und lassen Sie den Hund dann wieder spielen, schnüffeln oder laufen. Auf diese Weise ist er nie überfordert. Wenn Sie die Ziele nicht zu hoch stecken, werden Sie immer einen kleinen Erfolg im Training erzielen. Vielleicht werden Sie sogar erstaunt sein, mit wie wenig „Arbeit" man dem Hund echte Freude an den Übungen und somit ein hohes Maß an Gehorsam vermitteln kann!

Gestalten Sie den Trainingsablauf auch über immer neue Ablenkungen abwechslungsreich. Als Ablenkung bzw. Generalisierungstraining können Sie z.B. die eigene Körperstellung verändern. Beherrscht Ihr Hund die Übung auch, wenn Sie ihn nicht angucken oder die Arme in die Luft strecken?

Tipp
Setzen Sie sich immer nur zwei oder drei neue Übungen als Ziel und arbeiten Sie an diesen, bis der Hund sie gut beherrscht. Nehmen Sie erst dann wieder eine neue Herausforderung ins Übungsprogramm auf. Es kommt nicht auf die Geschwindigkeit an, mit der Ihr Hund eine Übung lernt. Was zählt ist, dass er sie am Schluss gleichermaßen gut und gerne ausführt.

Clickertraining

Clickermethoden

Stärkung von Spontan-
verhalten

Mit dem Clicker ist es möglich, bestimmte Verhaltensweisen, die Ihr
Hund spontan zeigt, zu stärken. Dies
gelingt leicht, indem Sie den Hund immer, wenn er diese Handlung zeigt,
mit einem „Click" bestätigen und ihn
anschließend, wie beim Clickertraining
üblich, z. B. mit Futter belohnen. Das
ist für Hunde ein großer Spaß, denn
man vermittelt ihnen, dass sie eine
Menge richtig machen. In den Übungen kann man dann auf den „guten
Ideen" des Hundes aufbauen.

Wenn Ihr Hund das gewünschte
Verhalten auffallend oft zeigt, um
„Clicks" einzuheimsen, können Sie es
mit einem Befehl verknüpfen.

Als kleine Regel gilt: Warten Sie mit
der Befehlseinführung, bis Ihr Hund
spontan zehn Mal in Folge das erwünschte Verhalten angeboten hat.
Sagen Sie dann zwecks Signalverknüp-
fung möglichst zeitgleich oder im Idealfall ganz kurz bevor Ihr Hund das
Verhalten zeigen wird das Kommandowort, das Sie sich für diese Übung
überlegt haben. Sobald mit Befehl trainiert wird, sollte spontan gezeigtes
Verhalten nicht mehr belohnt werden!
Auf diese Weise lernt der Hund
schnell, dass er nur noch Erfolge erzielen kann, wenn er sich auf das Kommando konzentriert. Sobald Sie die erwünschte Handlung unter Befehlskontrolle gebracht haben, brauchen Sie
den Clicker für diese Übung nicht
mehr. Wenden Sie sich dann einem
neuen Ziel zu.

> **Tipp**
> Arbeiten Sie beim Stärken von
> Spontanverhalten zunächst jeweils
> nur an einem einzigen Ziel. Das ist
> für den Hund einfacher.

Das freie Formen
(Free Shaping)

Beim freien Formen (engl.: *free* = frei,
shaping = Formung) werden jeweils
kleinste Einzelsequenzen geclickert, die
den Hund dem definierten Endziel näher bringen, bis das erwünschte Verhalten bzw. die Übung vollständig beherrscht wird. Wie beim Kinderspiel
„Heiß oder Kalt" bringt man den Hund
für „heiße" Ansätze mit dem „Click"
auf den richtigen Weg – ohne ihn zu
locken oder anders zu beeinflussen.
Die Übung soll einzig und allein über
den Clicker aufgebaut werden.

Die Voraussetzungen für eine
Übung mit dem freien Formen sind
einfach: viel Geduld und eine Tüte
schmackhafter kleiner Leckerchen.
Außerdem muss der Hund sicher auf

den Clicker konditioniert sein und motiviert sein etwas zu tun.

Wenn man schon kleinste Tendenzen in Richtung des Endziels der Übung mit dem Clicker verstärkt, entstehen auf Hundeseite weder Missverständnisse noch Frust, denn er bekommt immer wieder die Meldung in Form von Click und Leckerchen, eine gute Leistung gezeigt zu haben. Kleine und einfache Verhaltensdetails gelingen wirklich praktisch immer! Durch diese häufige Bestätigung im Lernvorgang fühlt sich der Hund im Training immer sicher.

Tipp

Sollte der Hund den richtigen Weg in die Übung nicht finden, liegt das oft an einem zu hohen Trainingsanspruch für die erwartete Reaktion. Schrauben Sie Ihren Anspruch weiter herunter, indem Sie die Übung in noch weitere Einzelschritte zergliedern. Als Faustregel gilt, dass der Anspruch zu hoch ist, wenn Ihr Hund in mehr als der Hälfte der Versuche Verhaltensweisen zeigt, die ihn nicht näher ans Ziel der Übung bringen.

Wichtig ist, dass der Hund keine Scheu davor haben darf, Fehler zu machen. Er muss frei sein, einfach drauf los zu versuchen, was den Erfolg bringen könnte. Hunde, die im Training schon viel Druck erfahren haben und die zu oft für unerwünschtes Verhalten bestraft worden sind, tun sich zumindest anfänglich sehr schwer in dieser Übung. Aber auch ihnen kann man mit einer einfachen Übung wieder mehr Vertrauen in ihre eigenen

Fähigkeiten vermitteln und das Vertrauensverhältnis zum Besitzer stärken (s. Seite 48).

Ein paar Regeln für das freie Formen

- Clicken Sie besonders zu Beginn lieber zu oft als zu wenig. Das heißt: Aus einem winzigen Ansatz kann man eine tolle Übung entwickeln, während es oft für den Hund schwer ist, auf Anhieb zu erahnen, was er eigentlich tun soll.

- Wenn Ihr Hund ein Verhalten anbietet, das Ihnen ein „Click" wert ist, bleiben Sie für ein paar (wenige) Wiederholungen bei diesem „einfachen" Verhalten, damit der Hund sicher weiß, dass er auf dem richtigen Weg ist. Schielen Sie dann auf einen Fortschritt, indem Sie für das schon in der letzten Übung gezeigte Verhalten nicht mehr clicken und darauf warten, dass der Hund den nächsten, wenn auch winzigen Schritt in Richtung Übungsziel macht.

- Achten Sie beim freien Formen stets darauf, Fehlversuche Ihres Hundes zu ignorieren. Bedenken Sie, dass er nicht wissen kann, was er tun soll. Er muss es gemäß dem Prinzip „Versuch und Irrtum" selbst herausfinden.

- Beißen Sie sich nie an einer Erwartung fest. Splitten Sie ggf. die Übung in noch mehr einfache Details, die Sie mit dem Clicker verstärken. Sollte Ihr Hund spontan viel Richtiges anbieten, nutzen Sie dies aus und belohnen Sie ihn mit einem Jackpot.

• Setzen Sie im Clickertraining bei Fehlversuchen Ihres Hundes auch das Korrekturwort nicht ein. Lassen Sie den Hund wirklich vollkommen eigenständig arbeiten. Geben Sie ihm als einzige Hilfe die nötige Anzahl an „Clicks".

Clickertraining mit Hilfen und Hilfsmitteln

In den beiden oben beschriebenen Methoden wurden dem Hund absichtlich keinerlei zusätzliche Hilfen gegeben. Dies ist für viele Übungen besonders wertvoll, denn man braucht später auch keine Hilfen abzubauen – was häufig sehr mühsam und langwierig ist.

Man kann den Clicker aber auch als Trainingshilfe für ein besonders genaues Timing einsetzen, wenn man den Hund mit Locktechniken verleitet, ein bestimmtes Verhalten zu zeigen. In diesen „normalen" Übungen sind also zusätzliche Hilfen und auch andere Hilfsmittel erlaubt.

Von Nachteil beim Locken ist, dass sich der Hund an die Situation gewöhnt, dass er gelockt wird bzw. dass er sich an Hilfen oder Hilfsmitteln orientiert. Man muss später zusätzliche Zeit darauf verwenden, die eingesetzten Hilfen wieder abzubauen, damit der Hund die Übung dann ganz eigenständig umsetzen kann. Wenn man einige Regeln befolgt, kann man aber auch durch das Locken ganz hervorragende Leistungen mit dem Hund erarbeiten.

Ein paar Regeln für das Locken als Technik
• Setzen Sie immer die kleinste Hilfe ein, die möglich ist.
Beispiel Futter: Locken Sie den Hund nicht mit seinem absoluten Lieblingsfutter, denn oft schmälert das die Konzentrationsfähigkeit. Er läuft dann zwar vielleicht sehr bereitwillig der Belohnung hinterher, merkt aber gar nicht, was er tut. Er wird später zum Beispiel nicht „wissen", dass er über ein Brett gelaufen ist, weil er gar nicht realisiert hat, was er mit den Beinen gemacht hat. Wenn der Hund sehr wild auf das Lockfutter ist, ist sogar das Fehlerrisiko viel höher, als wenn der Hund bewusst mitarbeitet. Beim Einsatz von Spielzeug gilt Ähnliches wie beim Futter. Das Lieblingsspielzeug ist zum Locken oftmals ein zu hoher Reiz für ein sorgfältiges Arbeiten. Bringen Sie Ihrem Hund im Zusammenhang mit Spielzeug lieber die Regel bei, dass er es haben darf, wenn er mitgearbeitet hat. Belohnen Sie ihn ruhig damit, aber setzen Sie es besonders in Übungen, in denen Präzision gefordert ist, nicht zum Locken ein. Anders sieht es in Übungen aus, in denen Schnelligkeit eine Rolle spielt. Hier kann es sein, dass man durch das Locken mit dem Lieblingsspielzeug den Hund erst richtig auf Touren bringt.
• Verzichten Sie möglichst ganz auf körperliche Hilfen, denn oft entstehen hierbei Bedrohungsmo-

mente für den Hund. Achten Sie strikt auf Ihre eigene Körpersprache, wenn Sie doch einmal eine körperliche Hilfe einsetzen. Vermeiden Sie insbesondere bei einem schüchternen Hund Drohgesten wie das Darüberbeugen.

- Bauen Sie die Hilfen, die Sie eingesetzt haben, möglichst frühzeitig wieder ab. Warten Sie nicht darauf, dass der Hund die Übung erst mit Hilfen toll beherrscht und dann irgendwann ohne. Dazwischen liegen für einen Hund Welten. Günstig ist es, wenn man Hilfen schrittweise abbauen kann. Beginnen Sie mit dem Abbau, sobald der Hund den Ansatz zeigt, die Übung mit der Hilfe zu bewältigen, damit er sich gar nicht erst zu sehr daran gewöhnt.

- Wenn die Hilfen abgebaut werden, ist es normal, dass der Hund eine etwas schlechtere Leistung zeigen wird. Vielleicht macht er auch mehr Fehler. Nehmen Sie darauf Rücksicht und clicken Sie noch kleinere Übungsschritte an, damit Ihr Hund sicher weiß, was er zu tun hat, statt sich zu sehr auf die Hilfen zu verlassen.

- Für Hunde zählt immer die Gesamtsituation. Wenn man ein hohes Leistungsniveau anstrebt, ist es auch wichtig, die Hilfe abzubauen, dass man im Training häufig ein Leckerchentäschchen umgeschnallt hat oder das Spielzeug bei sich trägt. Vermitteln Sie Ihrem Hund dies ruhig in einer gesonderten Übung, indem

Sie die Belohnung irgendwo hinlegen, mit ihm ein Stückchen weggehen, dann eine Übung machen und nach dem „Click" zu der Belohnung zurückgehen, um Sie ihm zu geben. Ein Hund, der gut verstanden hat, dass es nach dem „Click" immer eine Belohnung von Ihnen gibt, hat kein Problem damit, wenn Sie ein paar Sekunden brauchen, um die Belohnung zu holen. Wenn Sie dies gut vermitteln, haben Sie bald einen Hund, der frei von sämtlichen Lockmitteln mit Ihnen jede Aufgabe meistern wird!

Target-Training

Als Target-Training (engl.: *target* = Ziel) bezeichnet man ein Training, bei dem der Hund im ersten Schritt lernt, Bezug zu einem speziellen Ziel herzustellen. Je nachdem, wie später die eigentliche Übung aussehen soll, kann man Nasen-, Vorderpfoten-, Hinterpfoten-, Hüft-, Po-, oder Blick-Targets und andere aufbauen.

Beispiel Nasen-Target: Sie können dem Hund leicht beibringen, die Spitze eines Stabes mit der Nase zu berühren. Diese Target-Übung können Sie dann beispielsweise nutzen, um dem Hund aufzuzeigen, was er mit der Nase machen soll. Wenn der Hund sicher verstanden hat, dass er den Stab mit der Nase berühren soll, können Sie dies in der eigentlichen Trainingssituation nutzen. Beispiel: Der Hund soll einen Lichtschalter mit der Nase anschalten. Halten Sie den Target-Stab an den Schalter, den der Hund mit der Nase betätigen soll, und geben ihm das Kommando, den Stab nun mit der Nase anzutippen. Zunächst berührt der Hund den Stab, so wie er es gelernt hat. Indirekt betätigt er dabei aber auch den Schalter. Mit dem Clicker können Sie dem Hund dann in den nächsten Wiederholungen ganz genau vermitteln, was den Erfolg gebracht hat. Bauen Sie als letzten Schliff den Target-Stab als Hilfsmittel ab und setzen Sie die Übung auf ein Signalkommando – z. B. „Licht".

In einer anderen Übung soll der Hund nun aber nichts mit der Nase machen, sondern Sie möchten vielleicht, dass der Hund ein spezielles Ziel mit der Pfote antippt. Dann bauen Sie die Target-Konditionierung beispielsweise mit einer Fliegenklatsche auf, die der Hund mit der Pfote antippen soll. Wenn Sie auch Übungen mit den Hinterpfoten anstreben, sollte hier wiederum ein anderes Zielobjekt (etwa eine gerollte Zeitschrift) genommen werden.

Eine weitere Variante ist, als Hilfsziel ein Objekt auszuwählen, auf das der Hund konzentriert seinen Blick richten soll. Hierzu eignen sich beispielsweise kleine Klebezettel.

Die Target-Konditionierung können Sie mit allen möglichen Körperteilen durchführen. Bei komplizierten Bewegungsabläufen, etwa dem Seitwärtslaufen, können Sie zum Beispiel ein Hüft-Target einsetzen. Der Hund soll hierbei mit der Hüfte beispielsweise eine Reitgerte berühren. Auf diese Weise können Sie ihm mit dem Target-Objekt vorgeben, wohin er sich mit der Hüfte bewegen soll.

Tipp
Wenn man die Target-Konditionierung für verschiedene Übungen nutzen möchte, ist es sinnvoll, jeweils einen anderen Gegenstand (z. B. für die Arbeit mit der Nase einen Stab und für die Arbeit mit der Pfote eine Fliegenklatsche etc.) zu verwenden und für die verschiedenen Handlungen verschiedene Kommandos einzuführen. Dann weiß der Hund genau, was zu tun ist.

Wie Sie eine Target-Konditionierung durchführen, ist auf S. 46 beschrieben.

7 Clicker-Konditionierung

Einführungsübung

Passen Sie einen möglichst ablenkungsfreien Moment ab, um den Hund auf den Clicker zu konditionieren. Clicken Sie und geben Sie dem Hund möglichst sofort (!) danach ein Leckerchen. Es sollte hier zu Beginn nicht mehr als eine Sekunde Zeitverzögerung zwischen dem Click und dem Leckerchen liegen. Wiederholen Sie diese Übung 15 bis 20 Mal.

Die erste Clickereinführungsübung ist hiermit schon beendet. Mit einfachen Clickerübungen kann nun schon gestartet werden.

Fortsetzungsübung

Verfahren Sie wie in der Einführungsübung, aber achten Sie darauf, die Leckerchen nicht in der Hand zu halten,

Wenn sich die Spitze vom Rest des Target-Objektes unterscheidet, fällt dem Hund das zielgenaue Arbeiten mit der Nase leichter.

sondern deponieren Sie sie zum Beispiel in einer Gürteltasche oder sogar in geringer Entfernung abseits auf einem Tischchen o.Ä.

Clicken Sie, greifen Sie erst dann nach dem Leckerchen und geben es dem Hund innerhalb von ca. einer bis fünf Sekunden. Variieren Sie hierbei die Zeitabstände.

Diese Übung zielt darauf ab, dem Hund von Anfang an klar zu machen, dass er zwar **immer** nach dem „Click" ein Leckerchen bekommt, dass es aber auch einmal ein paar Sekunden dauern kann, bis Sie es herausgekramt haben. Auf diese Weise kann später der wichtigste Vorteil des Clickertrainings genutzt werden: Es muss im Training nur noch im richtigen Moment geclickt werden. Das Leckerchen kann dann mit einer kleinen Zeitverzögerung kommen. Auf ein gutes

Timing beim „Click" muss aber geachtet werden. Dies ist leichter umzusetzen als die sonst gängige Belohnungsverknüpfungszeit von ca. einer Sekunde einzuhalten.

Wiederholen Sie diese Übung an verschiedenen Tagen bzw. zu unterschiedlichen Trainingssitzungen, bis der Hund selbständig auf das „Click" reagiert und sofort nach einem Leckerchen späht. Wenn dies der Fall ist, hat der Hund dann das Prinzip „Click = Erfolg mit nachfolgender Belohnung" verstanden. Er ist nun „clicker-reif".

Hinweis
Wenn der Hund die Verknüpfungsübung verstanden hat, kann der Clicker im Training ganz unauffällig eingesetzt werden. Die Leistung im Training wird über das richtige Timing und die Motivationslage des Hundes gesteuert. Es besteht daher keine Notwendigkeit den Clicker wie eine Fernbedienung auf den Hund zu richten, um den Übungserfolg zu beschleunigen. ☺

8 Target-Konditionierung

Hier soll beispielhaft die Target-Variante „Nase und Stab" beschrieben werden. Analog dazu kann man auch die Pfoten- oder Blick- und jede andere Variante trainieren.

Gut als Nasen-Target geeignet, da in der Länge variabel, sind Teleskopstifte, die man beispielsweise in Schreibwarenläden kaufen kann. Halten Sie den Stab zunächst so, dass nur die Spitze für den Hund zugänglich ist, und lassen Sie Ihren Hund daran

schnüffeln. Belohnen Sie ihn, wenn er mit der Nase an die Spitze gestoßen ist. Der Einsatz des Clickers ermöglicht hier ein besonders genaues Timing und führt in aller Regel zum besten Lernerfolg.

Sobald Ihr Hund diese Übung gut meistert, geben Sie ihm etwas mehr „Angriffsfläche" auf dem Stift. Belohnen bzw. clicken Sie ihn aber nur, wenn er die Spitze antippt. Fehlversuche in der Mitte des Stiftes werden ignoriert.

Üben Sie dies mit verschiedenen Haltungen des Stiftes, sodass die Spitze mal nach unten, mal nach oben zeigt. Lassen Sie den Hund auch ein paar Schritte laufen, um an die Spitze zu gelangen, bis er sich seiner Sache wirklich sicher ist. Variieren Sie auch die Länge des Stiftes oder Stabes, wenn das möglich ist.

Führen Sie, sobald Ihr Hund zuverlässig mit der Nase an die Stabspitze tippt, ein Kommando ein (z. B. „Tippen"). Geben Sie dem Hund das Kommando zunächst kurz bevor oder spätestens zeitgleich, wenn er gerade alles richtig macht, und belohnen Sie ihn jedes Mal dafür.

Gestalten Sie die Übung dann schwieriger, indem Sie ihn mit dem entsprechenden Kommando anhalten, an die Spitze zu tippen. Das Kommando wird somit zur Aufforderung die erwünschte Handlung zu zeigen. Belohnen Sie den Hund, wenn er Ihren Wünschen Folge leistet.

Zur sicheren Befehlskontrolle ist es zu guter Letzt wichtig, dass Sie spontanes Tippen nicht mehr belohnen. Erfolg gibt es dann also nur noch, wenn auf Kommando hin gehandelt wurde!

Clickertraining kurz gefasst

- Der Hund muss zunächst auf den Clicker **konditioniert** werden (Klassische Konditionierung s. S. 6, 9 und 44 ff.).

- Das Training selbst funktioniert nach dem Prinzip **„Versuch und Irrtum"** und folgt somit den Gesetzen der instrumentellen Konditionierung (s. S. 10).

- Mit dem „Click" sollte der Hund **während** der erwünschten Handlung in seinem Tun bestätigt werden, um Fehlverknüpfungen zu vermeiden und ihm zweifelsfrei zu vermitteln, worum es geht.

- Der Clicker sollte **nicht** dafür eingesetzt werden, den Hund aufmerksam zu machen oder ihn zurückzurufen, denn dann verliert er für den Hund die Bedeutung des konditionierten Verstärkers.

- **Erwünschte Verhaltensdetails** werden mit einem „Click" bestätigt. Der Hund bekommt danach seine Belohnung. Auf diese Weise wird dem Hund sein Verhaltensansatz als Erfolg dargestellt.

- Wenn man besondere Begeisterung ausdrücken möchte, wird die Anzahl oder die Qualität der Leckerchen erhöht. Dies ist für den Hund der **„Jackpot"**.

- Der Hund sollte immer wieder einmal den Jackpot knacken können. Das spornt ihn zusätzlich an. Einen Jackpot sollte es geben, wenn ein Durchbruch in einer Übung erreicht worden ist.

- Oft wird der Hund nach dem Click sofort angelaufen kommen, um das Leckerchen o. Ä. abzuholen. Das ist vollkommen in Ordnung. Das „Click" beendet das Verhalten, das bestätigt werden sollte!

- **Unerwünschtes Verhalten** findet keine Beachtung. Das Training ist daher frei von Strafmaßnahmen. Das Ausbleiben eines „Clicks" kann für einen sensiblen Hund, der schon intensiv nach dem Clickertrainingsprinzip trainiert hat, ein hohes Frusterlebnis bedeuten. Deshalb sollte die Übung stets in so viele winzige Einzelsequenzen geteilt werden, dass der Hund alle paar Sekunden mit „Clicks" bestätigt werden kann.

- Mehr Leistung kann mit dem Clicker erreicht werden, indem man nach einigen Wiederholungen, wenn der Hund den ersten Schritt schon recht spontan meistert, das „Click" samt Belohnung ein klein wenig hinauszögert.

- Clickertraining ist zunächst nicht befehlsorientiert. Es zielt darauf ab, erwünschte Verhaltensweisen zu formen und zu festigen. Erst wenn der Hund das erwünschte Verhalten zuverlässig zeigt und die Übung in allen Einzelheiten beherrscht, werden die einzelnen Signale oder Kommandos eingefügt. Dies ist ein großer Vorteil im Vergleich zum herkömmlichen Training, denn der Hund verbindet das Signal auf diese Weise immer mit der optimalen Leistung.

- Sobald ein bestimmtes Verhalten unter Befehlskontrolle gebracht wurde, ist der Clicker für diese Übung nicht länger nötig.

Die Übungen der Spaßschule

Clickerkünste

Hier finden Sie eine Sammlung von Übungen, die mit dem Clicker umgesetzt werden sollen. Die Übungen sind nach den verschiedenen Möglichkeiten sortiert, die beim Clickertraining Anwendung finden können.

Achtung
Hunde, die bislang nach herkömmlichen Trainingsmethoden ausgebildet wurden, sind mitunter zunächst ziemlich passiv, weil sie schon häufig für spontan gezeigtes Verhalten auskorrigiert oder gar bestraft wurden. Sollte Ihr Hund zu den so genannten „cross-over"-Hunden zählen, brauchen Sie nur etwas Geduld. Sie werden erstaunt sein, wie locker und ideenreich Ihr Hund durch die für ihn neue Trainingsmethode wird. Mischen Sie aber bitte nicht Clickertraining mit Strafmaßnahmen. Das macht Hunde unselbständig und misstrauisch!

Lockerungsübungen für Hunde, die wenig Handlungsangebote zeigen

Legen Sie einige Spielzeuge auf den Boden und verstärken Sie wirklich **jede** Handlung in Richtung dieser Objekte. Clicken Sie z.B. schon einen ersten kurzen Blick an und belohnen Sie Ihren Hund nachfolgend. Vielleicht macht er auch bald einen Schritt auf das Objekt zu, schnüffelt sogar daran oder hebt es vom Boden auf. Wichtig ist: Sie selbst sollen hierbei kein festes Ziel vor Augen haben, was Ihr Hund erreichen soll. Dies ist eine reine Spaß-Übung.

Belohnen Sie den Hund in den Lockerungsübungen häufiger mit einem Jackpot. Am besten immer, wenn er auf eine neue Idee gekommen ist. D.h. wenn er zunächst nur schüchtern oder zufällig in Richtung Spielobjekte geguckt hat und diese Handlung mit Click und Leckerchen verstärkt wurde (ruhig mehrmals, wenn er dieselbe Handlung zeigt), er plötzlich seine Körperhaltung ändert und sein Gewicht in Richtung Spielzeug verlagert, indem er einen Mini-Schritt macht, hat er sich einen Jackpot verdient. Ihre Freude dürfen Sie dem Hund ruhig deutlich zeigen. Setzen Sie diese Übung später auch mit anderen Objekten, z.B. einem umgedrehten Eimer o.Ä. um.

Es sind auch Lockerungsübungen ohne Objekte möglich. Beobachten Sie hierbei, was für Verhaltensdetails Ihr

Hund anbietet. Vielleicht legt er den Kopf schief, wenn Sie ihn ansprechen, oder er wedelt. Setzt er sich hin, schnüffelt er? Oder, oder, oder.

Auch hier gilt wieder: Es gibt kein festes Ziel! Ihr Hund soll nur lernen, dass er selbst die Fäden in der Hand hat und „Clicks" und Belohnungen durch Handlungsangebote erreichen kann. Für jedes neue Verhalten hat sich der Hund wiederum einen Jackpot verdient.

Tipp

Diese Lockerungsübungen können Sie auch mit einem „clickererfahrenen" Hund durchführen. So wird die Kreativität weiter gestärkt. Hilfreich ist es, wenn diese Übungen dann in einem speziellen Kontext umgesetzt werden, z.B. indem Sie mit einem speziellen Kommando eingeleitet und mit Qualitätsleckerchen belohnt werden. Oder wenn man sie zunächst immer auf demselben Untergrund durchführt. Auf diese Weise lernt der Hund ein Kreativitätssignal.

Stärkung von Spontanverhalten

Übungsvarianten

Verstärken Sie das Schütteln. Günstig für solch ein Training sind heiße Sommertage, in denen der Hund im Wasser planscht, oder triste Regentage. Denn wenn das Hundefell nass ist, ist die Chance groß, dass er sich schütteln wird.

Bestätigen Sie den Hund für das Kratzen, um einen lustigen Befehl daraus zu erarbeiten. Beobachten Sie Ihren Hund hierzu genau. Das Kratzen ist unter anderem eine Beschwichtigungsgeste und wird immer einmal wieder im sozialen Kontext ganz ohne Juckreiz gezeigt.

Setzen Sie durch das Stärken von Spontanverhalten das Gähnen auf Kommando. Auch das Gähnen wird im sozialen Kontext u. a. als Beschwichtigungsgeste gezeigt.

Stärken Sie die Eigenart, sich zu strecken. Hierzu gibt es zwei Möglichkeiten. Viele Hunde strecken sich nach vorne, wie zur Spielaufforderung. Einige strecken aber auch ihre Hinterläufe nach hinten weg. Fangen Sie mit dem Clicker die Handlung ein, die Ihr Hund zeigt bzw. die Sie gerne unter Kommando hätten.

Stärken Sie ein freudiges Wedeln.

Verstärken Sie andere Beschwichtigungsgesten, zum Beispiel das Sich-über-die-Nase-Lecken oder das Blinzeln.

Diese Liste könnte beliebig fortgesetzt werden. Die oben beschriebenen Dinge sind nicht schwer zu trainieren, denn jeder Hund zeigt sie dann und wann. Über die Methode, spontan gezeigtes Verhalten zu stärken, können aber auch andere Körperhaltungen unter Kommando gebracht werden.

Trainieren Sie mit Ihrem Hund das Kopfnicken (Übung „Jawohl" oder „Yes"), indem Sie immer dann clicken, wenn Ihr Hund seinen Kopf zufällig ein bisschen nach unten absinken lässt. In den nächsten Trainingsschritten gilt es auszuarbeiten, dass der Hund diese Bewegung wiederholt zeigt.

Trainieren Sie mit dem Hund nach demselben Schema, nach rechts zu schauen.

Trainieren Sie dann, nach links zu schauen.

Fügen Sie die beiden letzten Übungen zu einer neuen zusammen und lassen Sie den Hund den Kopf schütteln. Für diese Übung können Sie dann ein eigenes Kommando, z. B. „Nein", einführen. Falls „Nein" für den Hund die Bedeutung eines Korrekturwortes oder Verbotscharakter hat, kann es hier selbstverständlich nicht als Übungskommando benutzt werden. Weichen Sie dann auf ein anderes Signal aus, beispielsweise „No".

Trainieren Sie die Übung „trauriger Hund", indem Sie clicken, wenn Ihr Hund den Kopf und/oder Schwanz tief hält.

Wenn Ihr Hund Stehohren hat, können Sie mit ihm die Radar-Ohren-Übung trainieren, indem Sie ein lustiges Ohrenspiel verstärken.

Auch Drohverhaltensweisen wie etwa das Nasekräuseln oder Zähneblecken können spielerisch mit dem Clicker unter Befehlskontrolle gebracht werden. Für den Start brauchen Sie eine (möglichst unbedrohliche!) Situation, in der Ihr Hund das gewünschte Verhalten zeigt, damit Sie es einfangen können.

Neben körperlichen Gesten können selbstverständlich auch Laute wie das Bellen, Winseln, Knurren, Heulen oder Singen mit dem Clicker gestärkt und letztendlich unter Befehlskontrolle gebracht werden. Auch hier ist anfangs eine Situation

nötig, in der eine hohe Chance besteht, dass der Hund das erwünschte Verhalten spontan zeigt, wenn man als Trainingsweg die Methode „Stärkung von Spontanverhalten" einsetzen will.

Stärken Sie braves Verhalten, wenn Ihr Hund beispielsweise beim Anleinen Ruhe bewahrt.

Auch sich am Bordstein eigenständig hinzusetzen, kann über diese Technik gestärkt werden.

Verstärken Sie eine ganz spezielle Eigenart, die Ihr Hund eigenständig entwickelt hat. Mein Hund versteckt zum Beispiel seinen Ball gerne unter der Garderobe. Meine alte Hündin hat in ihrer Jugend Tennisbälle in Pfützen gewaschen. Vielleicht hat Ihr Hund die Angewohnheit, in einer bestimmten Situation lustig zu springen o. Ä. Ich kenne einige langhaarige bzw. bärtige Hunde, die nach dem Fressen oder Trinken ihren Bart abwischen. Es macht nicht nur im Training Spaß, es kann auch praktisch sein, solch ein Verhalten später mit einem Kommando abrufen zu können.

Frei geformte Übungen

Beim freien Formen gibt es keine Grenzen. Das Training ist sehr individuell, da jeder Hund anders an die Sache herangeht. Hier sollen nur einige Beispiele und Ideen vorgestellt werden, welche Aufgaben ein Hund bewältigen kann.

Übungsvarianten

 Formen Sie ein einfaches Verhalten, indem Sie draußen oder

drinnen eine Richtung oder einen Gegenstand definieren, wo Ihr Hund hinschauen soll.

Legen Sie sechs bis acht Spielzeuge auf den Boden. Achten Sie auf ausreichenden Abstand zwischen den einzelnen Dingen. Definieren Sie für sich, welchen Gegenstand Ihr Hund bringen soll. Clicken Sie ihn zum Erfolg! Für einen Hund, der noch nicht apportieren kann, sollte die Übung gesplittet werden. Clickern Sie ihn hier zunächst nur bis zu einem definierten Gegenstand, den er zum Beispiel mit der Nase berührt oder vielleicht sogar aufnimmt. Versuchen Sie später in einer anderen Übung, den Apport mit dem freien Formen zu erarbeiten, was schon wesentlich schwieriger ist.

Vermitteln Sie Ihrem Hund, dass er zu einer von Ihnen definierten Stelle – etwa einem Handtuch auf dem Boden – laufen soll. Lassen Sie ihn zur Steigerung der Schwierigkeit dort beispielsweise „Sitz" machen.

Bringen Sie Ihren Hund dazu, auf drei Beinen zu stehen oder im Sitzen eine Pfote zu heben. Hierzu müssen Sie den Hund ganz genau beobachten und jede kleinste Pfotenbewegung anclicken. Legen Sie vorher fest, welche Pfote es sein soll, denn wenn Sie sich in dieser Übung plötzlich anders entscheiden, kann der Hund verwirrt reagieren.

Clicken Sie Ihren Hund in die Position „Peng" (der Hund soll hier flach auf einer Seite liegen)!

„Formen" Sie den Hund durch eine angelehnte Tür hindurch, die er mit der Nase aufstupsen soll.

Legen Sie dem Hund einen großen Ball hin und lassen Sie ihn damit Fußball oder Nasenball spielen. Definieren Sie vorher, welche Handlung Sie formen wollen.

Stellen Sie eine unten offene Hürde auf. Lassen Sie Ihren Hund dann von vorne drüberspringen und drunterher zurückkriechen. Vermitteln Sie ihm diese Übung ohne zusätzliche Hilfe nur über das freie Formen.

Legen Sie drei Gegenstände aus und lassen Sie sie nacheinander von Ihrem Hund zu Ihnen heranbringen. Setzen Sie auch hier nur den Clicker ein, um Ihrem Hund zu vermitteln, was Sie von ihm möchten.

Legen Sie eine Decke aus und vermitteln Sie dem Hund über das freie Formen, dass er sie an einen anderen Platz legen soll.

Wandeln Sie diese Übung zusätzlich ab und verlangen Sie als weitere Schwierigkeit, dass Ihr Hund dann auf der schon transportierten Decke noch eine „Sitz"- oder „Platz"-Übung machen soll.

Legen Sie einen Gegenstand aus und stellen Sie einen Eimer hin. Versuchen Sie dem Hund mittels Free Shaping zu vermitteln, dass er den Gegenstand in den Eimer legen soll.

Stellen Sie dem Hund ein Skateboard hin. Bringen Sie ihn über das freie Formen dazu, sich auf das Skateboard zu stellen. Diese Übung ist natürlich von der Größe Ihres Hundes abhängig. Große Hunde werden nur mit Mühe alle vier Füße auf dem Board platziert bekommen (siehe auch Seite 113).

Dieser Hund hat im freien Formen das „Aufräumen" gelernt.

Lassen Sie Ihren Hund auf drei Beinen ein paar Schritte humpelnd laufen, indem Sie das Verhalten frei formen. Hilfreich ist es, wenn er die Übung „Stehen auf drei Beinen" schon kennt und das Verhalten häufig spontan anbietet.

Versuchen Sie, Ihren Hund einen Ball aus einem nach oben geöffneten Pappkarton bringen zu las-

sen. Bestätigen Sie ihn nur mit den Clicks, dass er auf dem richtigen Weg ist.

Stellen Sie einen kippsicheren Stuhl auf. Formen Sie die Handlungen Ihres Hundes soweit, dass er auf den Stuhl springt und dort „Sitz" macht.

Stellen Sie eine mit Wasser gefüllte Schüssel auf. Nutzen Sie das freie Formen, um zu erreichen, dass Ihr Hund eine Vorderpfote in die Schüssel stellt.

Auch im Hundesport kann das freie Formen genutzt werden. Bringen Sie Ihrem Hund bei, eine Flyballbox zu betätigen. Gewöhnen Sie einen schüchternen Hund vorher an das Umschlaggeräusch des Brettes.

Target-Übungen

Übungsvarianten

Nasen-Target

Lassen Sie den Hund eine Drehung um sich selbst vollführen, indem Sie ihm mit dem Nasen-Target die Richtung vorgeben.

Lassen Sie den Hund einen Diener machen, indem Sie den Target-Stick tief auf den Boden halten.

Bringen Sie Ihrem Hund bei, mit der Nase einen Schalter an- und auszumachen, wie es auf S. 43 f. in dem Beispiel beschrieben ist.

Lassen Sie Ihren Hund Nasenball spielen. Er soll hierbei einen Ball oder etwas Ähnliches mit der Nase anstoßen. Halten Sie hierzu anfangs den Target-Stick so nah an den

Auch die Hand kann als Target-Objekt (hier für die Pfote) genutzt werden (vgl. Übung 21 High Five).

Ball, dass Ihr Hund diesen mit der Nase berührt. Wenn der Ball auf dem Boden liegt, ist die Übung noch relativ einfach. Mit einem Luftballon kann der Hund aber auch Nasenball aus der Luft spielen. Dies erfordert sowohl auf Seiten des Hundes als auch auf Seiten des Trainers ein gutes Timing und ein hohes Maß an Konzentration.

Wandeln Sie das Nasenballspiel ab, indem Sie dem Hund statt eines Balles einen großen Schaumgummi-Würfel als Objekt bieten.

Pfoten-Target

Bringen Sie dem Hund die Übung „High five" über die Target-Methode bei. In dieser Übung können Sie als Zielobjekt auch gleich Ihre Hand einsetzen. Sie sparen sich dann den Umweg über ein anderes Zielobjekt (z. B. eine Fliegenklatsche).

Bringen Sie dem Hund das Winken mithilfe eines beliebigen Pfoten-Targets bei. Hierzu müssen Sie das Zielobjekt so halten, dass Ihr Hund es mit erhobener Pfote gut erreichen kann. Verlangen Sie diese Übung dann mehrmals hintereinander, damit es aussieht, als ob der Hund mit der Pfote winkt.

Üben Sie das Schließen von Türen oder Schubfächern mit einem Pfoten-Target.

Lassen Sie Ihren Hund nun mit der Pfote einen geeigneten Schalter an- und ausmachen.

Hüft-Target

Bringen Sie dem Hund das Seitwärtsgehen nach rechts mit einem Hüft-Zielobjekt bei.

Bringen Sie Ihrem Hund nun mit der anderen Hüfte die Target-Übung bei und üben Sie das Seitwärtsgehen nun nach links. Setzen Sie auch hier für beide Richtungen unterschiedliche Kommandos ein.

Üben Sie das Rückwärtsumrunden mit einem Hüft-Target.

Lassen Sie den Hund rückwärts Slalomlaufen. Bauen Sie diese Übung über ein mit der Hüfte angesteuertes Zielobjekt auf.

Blick-Target

Lassen Sie den Hund in der Grundposition auf ein seitlich angebrachtes Zielobjekt (beispielsweise ein Klebezettelchen) an Ihrem Körper schauen. Achten Sie darauf, dass Sie das Zielobjekt auf einer Höhe an sich befestigen, die der Größe Ihres Hundes angemessen ist.

Üben Sie das Schauen nach rechts und links (vgl. Aufbau Übung „No", Seite 50) nun mit Hilfe eines Blick-Targets.

Feilen Sie an der Formvollendung der „Fuß"-Übung, indem Sie den Hund während des Fußlaufens auf ein Zielobjekt an Ihrem Körper schauen lassen. Achten Sie auch hier darauf, dass das Zielobjekt so an Ihnen befestigt ist, dass der Hund problemlos und aus der optimalen „Fuß-Position" den Blick auf das Objekt richten kann.

Beinarbeit

Neben der „klassischen" „Fuß"-Übung, die dem Grundgehorsam zugerechnet werden kann, gibt es noch die verschiedensten anderen Möglichkeiten, sich mit dem Hund teils auch auf ganz unkonventionelle Art und Weise fortzubewegen. Mit unterschiedlichen Positionen, Drehungen, vorwärts und rückwärts Laufen kann man Pepp in die Sache bringen und den Hund vor neue Anforderungen stellen.

Einige der hier vorgestellten Übungen finden im Hundesport in den Sparten Agility und Dog Dancing bzw. Heelwork to Music Anwendung.

9 Grundposition

Das Laufen „Bei „Fuß" ist eine recht anspruchsvolle Übung. Um alle Anforderungen dieser Übung unter einen Hut zu bringen, sollte die Übung schrittweise aufgebaut werden. Ein guter Start ist, mit der **Grundposition** zu beginnen. In der Grundposition soll der Hund links eng am Bein des Besitzers sitzen. Die Ausrichtung soll parallel zum Hundeführer sein. Ein schönes Detail ist es, wenn der Hund auch in dieser Position aufmerksam zum Besitzer hochschaut.

Der Hund hat zwei Möglichkeiten, diese Position einzunehmen. Er kann hinten um die Beine des Hundeführers herumlaufen und sich dann neben ihn setzen oder in einer Kreisbewegung „direkt einparken".

Stilrichtung 1: Locken Sie Ihren Hund mit einem Leckerchen, wenn er links die Grundposition einnehmen soll, an Ihrer **rechten** Seite entlang nach hinten und hinter Ihrem Rücken weiter bis zur linken Seite. Ziehen Sie nun relativ eng am eigenen Bein das Leckerchen hoch. Durch diese Bewegung, ggf. auch durch das „Sitz"-Kommando unterstützt, erreichen Sie leicht, dass der Hund sich setzt. Geben Sie ihm dann das Leckerchen zur Belohnung. Lösen Sie die Übung noch nicht auf, sondern warten Sie, bis Ihr Hund Sie anschaut. Belohnen Sie diesen Blickkontakt mit einem weiteren Leckerchen und lösen Sie nun die Übung auf.

Tipp

Halten Sie das Leckerchen, wenn Sie Ihren Hund schon hinten herum an Ihre linke Seite gelockt haben, mit der linken Hand und ziehen Sie es seitlich (etwa an der Hosennaht) eng an Ihrem Bein hoch. Sollte Ihr Hund trotz aller Bemühungen immer wieder zu weit herumlaufen oder sich im Winkel zu Ihnen oder gar vor Sie setzen, um einen besseren Blick auf das Leckerchen zu haben, können Sie eine Wand oder einen Zaun zu Hilfe nehmen und so üben, dass zwischen Wand und Ihnen gerade noch genug Platz für den Hund ist, um sich parallel neben Sie zu setzen. Bauen Sie diese „Wandhilfe" erst ab, wenn der Hund Sicherheit in dieser Übung gewonnen hat.

Stilrichtung 2: Das „seitlich Einparken" kann man dem Hund ebenfalls leicht vermitteln, wenn man ihn zunächst mit einem Leckerchen lockt. Nehmen Sie ein Leckerchen in Ihre linke Hand. Lassen Sie ihn von vorne auf sich zu laufen, zeigen Sie ihm das Leckerchen und ziehen Sie dann die linke Hand in einer ausholenden Armbewegung weit nach hinten. Wenn der Hund der Hand folgend an Ihrer Seite vorbeigelaufen ist, ziehen Sie die Hand eng an Ihrem Bein wieder nach vorne und dann außen an Ihrem linken Bein nach oben, damit der Hund

sich setzt. Belohnen Sie ihn dann mit dem Lockleckerchen. Warten Sie auf einen Blickkontakt. Belohnen Sie auch diese Handlung und lösen Sie danach die Übung auf.

Ein wichtiges Detail der Grundposition ist, dass Ihr Hund möglichst eng und parallel neben Ihnen sitzt.

Tipp

Bei großen Hunden mit einem langen Rücken oder wenn der Hund zu schräg sitzt, lohnt es sich, die Armbewegung mit einer Beinbewegung zu verstärken. Machen Sie hierzu mit dem linken Bein einen großen Schritt im Halbkreis zurück und locken Sie den Hund mit. Er ist dann hinter Ihnen. Von dort aus ziehen Sie dann Ihr Bein und die Hand wieder nach vorne. Ihr Hund hat dann auf jeden Fall genug Platz zum Wenden hinter Ihnen gehabt.

Üben Sie das Einfinden in der Grundposition zunächst ohne Kommando, bis Ihr Hund alle Details gut beherrscht und sich seiner Sache sicher ist. Führen Sie dann ein Kommando ein (z.B. „Hier Ran"). Bauen Sie zeitgleich das Lockleckerchen ab, indem Sie dem Hund dann nicht mehr das Lockleckerchen, sondern eine andere Belohnung geben. Lassen Sie dann irgendwann das Lockleckerchen ganz weg.

Übungsvarianten

Weisen Sie Ihren Hund an, in der Grundposition auch „Steh" oder „Platz" zu machen und dabei trotzdem die parallele Ausrichtung zu Ihnen beizubehalten.

🦴 Bringen Sie Ihrem Hund die gleiche Übung rechts bei. Verwenden Sie hierfür ein anderes Kommando (z. B. „Seite").

🦴 Üben Sie das Einfinden in der Grundposition aus jeder Lebenslage. Rufen Sie den Hund hierzu heran und signalisieren Sie ihm, wenn er dicht bei Ihnen ist, dass er sich in die Grundposition begeben soll.

10 „Fuß"

Im Hundesport soll der Hund unter dem Kommando „Fuß" links am Bein seines Besitzers mit ihm parallel laufen. Schulter oder Kopf des Hundes sollen hierbei möglichst eng am Bein des Besitzers sein. Der Hund soll allen Bewegungen und Richtungsänderungen des Hundeführers folgen und dabei die ganze Zeit konzentriert den Blick auf den Besitzer richten.

👉 Aus der Grundposition kann der Hund das Fußlaufen sehr gut lernen. Starten Sie in einem Moment, in dem Ihr Hund Blickkontakt zu Ihnen hält. Geben Sie das Kommando „Fuß" und laufen Sie als Hilfe für Ihren Hund mit dem linken Bein zuerst los.

Halten Sie einem Hund, der in dieser Übung noch ein Trainingsanfänger ist, eine in Aussicht gestellte Belohnung (Leckerchen oder Spielzeug) direkt vor die Nase und ziehen Sie diese, wenn er voll darauf konzentriert ist, während des Laufens kurz eng an Ihrem Körper hoch. Sagen Sie, wenn der Hund konzentriert zu Ihnen bzw. auf die Belohnung fixiert hochschaut,

noch einmal das Kommando „Fuß". Clicken oder belohnen Sie ihn möglichst noch während des Hochschauens. Wiederholen Sie diese Übung in mehreren kurzen Trainingseinheiten und beenden Sie sie dann zum Beispiel mit der Erlaubnis zum Schnüffeln.

Erschweren Sie die Übung, sobald dies gut klappt, indem Sie den Hund nach und nach immer ein wenig länger konzentriert neben sich laufen lassen. Es zahlt sich aus, wenn Sie ihn in dieser ersten Trainingsphase immer schon nach ein paar Schritten, die er gut gelaufen ist, neu starten lassen. Hunde erlangen stets schneller eine gute Leistung, wenn sie beim Lernen möglichst nie einen Fehler machen. Mit kleinen Wegstrecken minimiert man das Risiko eines Schnitzers. Bei langen Wegstrecken hingegen sind Fehler, beispielsweise, dass der Hund wegguckt, aufgrund nachlassender Konzentration vorprogrammiert.

Gestalten Sie die Übung nicht zu monoton – laufen Sie mal schnell, mal langsam, laufen Sie Kreise, Bögen und Kurven. Bauen Sie so etwas Spannung durch Abwechslung auf.

Steigern Sie den Schwierigkeitsgrad in kleinen Schritten, indem Sie längere Strecken laufen und Strecken mit mehr Ablenkung wählen, beispielsweise an anderen Menschen oder Hunden vorbei.

Benutzen Sie das Kommando „Fuß" in den ersten Trainingsmonaten immer nur in dem Moment, wenn alles perfekt klappt! Erst wenn der Hund die Übung sicher beherrscht, können Sie ihn über das Kommando an seine Übung erinnern, falls er einmal schludern sollte.

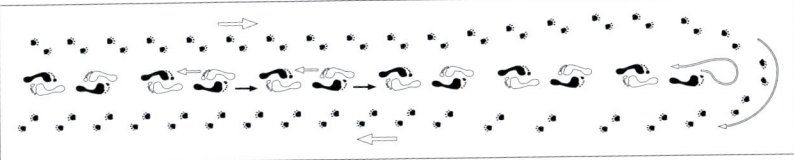

Bei der Wendung um 180° muss der Hund um seinen Herrn herumgehen, damit er immer an der linken Seite bei Fuß bleibt.

Tipp für Clickerer
Um das konzentrierte Hochschauen in der Fußübung zu schulen, kann man sich eines Blick-Zielobjektes (vgl. S. 54) bedienen.

Die 180-Grad-Wendung: Bei dieser Wendung drehen Sie sich nach links, während der Hund außen an Ihnen vorbei nach rechts um Sie herum geht. Lassen Sie Ihren Hund im Übungsaufbau zunächst links „Fuß" laufen. Zeigen Sie ihm ein Leckerchen, das Sie in der rechten Hand halten. Beschreiben Sie dann mit dieser Hand einen Bogen nach rechts, dem der Hund folgen soll. Sie selbst drehen sich derweil um 180 Grad nach links um die eigene Achse. Sie halten nun Ihren rechten Arm hinter dem Rücken. Wechseln Sie, sobald Sie sich selbst gedreht haben, die rechte Hand mit einer zügigen Bewegung vor Ihrem Körper wieder nach links zum Hund hin, um ihn dort zu belohnen und in dieser Position zu halten. Sie und Ihr Hund schauen nun in die Richtung, aus der Sie gekommen waren.

Übungsvarianten

Laufen Sie mit Ihrem Hund bei „Fuß" in einer losen Folge weite Bögen, 90-Grad-Winkel und enge Wendungen nach rechts und links.

Laufen Sie in der „Fuß"-Übung einmal sehr langsam, dann normal schnell und das nächste Mal im Laufschritt.

Halten Sie aus dem „Fuß"-Laufen mit Ihrem Hund unter dem Kommando „Steh", „Sitz" oder „Platz" an.

Eine nette Abwechslung ist, beim Fußlaufen Figuren wie Kreise, Vierecke, Achten etc. auf dem Boden zu beschreiben. Hierbei muss man sich nämlich auch auf die Laufstrecke und nicht nur auf den Hund konzentrieren.

Lassen Sie Ihren Hund die 180-Grad-Wendung machen.

Trainieren Sie „Sitz", „Platz" und „Steh" aus dem Fußlaufen, während Sie selbst weiterlaufen.

Lassen Sie Ihren Hund in der Übung „Fuß" einen Gegenstand tragen.

Kombinieren Sie die Übung „Fuß" mit der Übung 35: „Drehen" (s. Seite 90).

Trainieren Sie mit Ihrem Hund das Fußlaufen auf der rechten

Seite. Benutzen Sie hierfür ein neues Kommando (z. B. „Rechts").

Üben Sie die 180-Grad-Wendung aus dem rechtsseitigen Fußlaufen. Sie und Ihr Hund müssen nun seitenverkehrt wenden.

Lassen Sie Ihren Hund „Fuß" laufen, während Sie selbst rückwärts gehen. Der Hund muss in dieser Übung logischerweise selbst nun auch rückwärts gehen. Besonders leicht fällt das vielen Hunden, wenn sie vorher schon das Kommando „Zurück" (s. Seite 71) gelernt haben. In dieser Übung ist es sehr wichtig, dass der Hund schön parallel bleibt. Ihn mit dem Clicker in kleinen Schritten an diese Herausforderung heranzuführen ist eine gute Trainingsmöglichkeit. Auch ein Hüft-Target kann eine gute Hilfe sein, wenn der Hund mit dem Po ins Schlängeln gerät.

Die „Nimmersatten" können das Rückwärtslaufen als zusätzliche Variante natürlich auch noch aus der Übung „Rechts" abwandeln.

11 „Spiegel"

Der Hund soll in dieser Übung in frontaler Ausrichtung zu Ihnen stehen und mit seiner Schnauze oder seitlich mit dem Kopf außen Ihr Bein berühren. Diese Position soll er auch beim Laufen halten.

Platzieren Sie Ihren Hund mit „Steh" frontal vor sich. Locken Sie ihn dann mit einer Belohnung wahlweise

Durch Wechsel in der Laufgeschwindigkeit kann Schwung in die Fuß-Übung gebracht werden.

rechts oder links außen an Ihr Bein. Drücken Sie die Schnauze oder den Kopf sanft an Ihr Bein, sagen Sie jetzt das Kommando (z. B. „Spiegel") und belohnen Sie ihn, während er noch Kontakt hält oder Sie diesen Kontakt noch unterstützen. Die Position dieser Übung wird durch die Körpergröße des Hundes bestimmt. Ein großer Hund schmiegt sich mit seiner Schnauze an der Hüfte oder am Oberschenkel an, wohingegen ein kleiner Hund nur die Fußknöchel oder die Wade erreichen kann.

Wiederholen Sie diese Übung über den Tag verteilt in vielen kurzen Übungseinheiten, bis Ihr Hund beginnt in dieser Übung eigenständig den Kontakt herzustellen.

Bauen Sie dann schrittweise die Hilfestellung ab und belohnen Sie dann dieses Verhalten nur noch, wenn der Hund die Übung auf Kommando hin ausgeführt hat.

Tipp
Diese Übung kann alternativ über das freie Formen ohne körperliche Hilfen oder auch mit einem Kopf-Target aufgebaut werden (vgl. Seite 43 ff.). Als Target kann man hier gut ein Taschentuch einsetzen, das der Hund seitlich mit dem Kopf oder der Schnauze berühren soll.

Achtung
Bei kleinen Hunden oder schüchternen Tieren ist der Einsatz eines Targets zum Übungsaufbau besonders zu empfehlen, da auf diese Weise keine körpersprachlichen Bedrohungselemente auftreten.

Wenn der Hund die „Spiegel"-Position auf Kommando sofort einnimmt, können Sie zum Laufen übergehen. Bewegen Sie sich zunächst langsam einen kleinen Schritt zurück. Bemüht sich Ihr Hund, den Kontakt an Ihrem Bein nicht zu verlieren, hat er sich eine tolle Belohnung verdient.

Übungsvarianten

Dehnen Sie langsam die Wegstrecke aus, die der Hund in der Position „Spiegel" mit Ihnen laufen soll. Für den Hund ist es einfacher, wenn Sie selbst rückwärts laufen, denn dann kann er vorwärts folgen und sieht, wo er hinläuft.

Fügen Sie beim Laufen nun zusätzlich Wendungen ein. Auch hier machen Sie es dem Hund zunächst leicht, wenn Sie selbst dabei rückwärts laufen. Belohnen Sie den Hund immer, wenn er sich nach einer Wendung wieder frontal zu Ihnen ausgerichtet hat.

Trainieren Sie mit dem Hund dieselbe Übung am anderen Bein, also mit der anderen Schnauzenseite. Führen Sie hierzu ein eigenständiges Kommando ein (z.B. „Kontakt").

Kombinieren Sie diese Übungen mit dem Kommando für das Rückwärtslaufen („Spiegel" oder „Kontakt" und „Zurück") und laufen Sie auf den Hund zu. Beim Rückwärtslaufen die Schnauze an Ihrem Bein zu lassen ist sehr anspruchsvoll und erfordert von Ihnen und Ihrem Hund ein gutes Zusammenspiel in puncto Rhythmus und Geschwindigkeit.

Lassen Sie Ihren Hund wahlweise in der Position „Spiegel" oder „Kontakt" rückwärts mit Ihnen zusammen durch einen Hürdenparcours laufen. Achten Sie darauf, Ihren Hund gut zu lenken, dass er an keiner Hürde anstößt.

12 „Schleife"

In dieser Übung soll der Hund Achter-Runden um die Beine des Besitzers laufen. Besonders schön sieht diese Übung aus, wenn die Wendungen um die Beine möglichst eng gelaufen werden.

Stellen Sie sich mit gegrätschten Beinen auf und lassen Sie Ihren Hund aus der linken Grundposition starten. Locken Sie ihn mit einem Leckerchen oder Spielzeug von vorne nach hinten durch Ihre Beine hindurch und von hinten rechts herum um das rechte Bein, sodass er rechts in der Grundposition ist. Jetzt locken Sie ihn wieder von vorne nach hinten durch Ihre Beine auf die linke Seite zurück in die Grundposition, wo er seine Belohnung bekommt.

Führen Sie ein Kommando ein (z.B. „Schleife"), sobald Ihr Hund dem Lockleckerchen bereitwillig folgt, und bauen Sie dann langsam die Hilfen ab, indem Sie ihm die Bewegung nicht mehr so deutlich mit den Händen bzw. der in Aussicht gestellten Belohnung vorgeben.

Tipp
Belohnen Sie den Hund stets nur außen am Bein. Denn so lernt er,

dass er zumindest eine halbe Acht laufen muss und bleibt in dieser Übung nie mittig zwischen Ihren Beinen stehen.

Wenn Ihr Hund eine sichere Verknüpfung mit dem Befehl hergestellt hat, können Sie ihn auch mehrere Achter-Runden hintereinander laufen lassen, indem Sie ihm noch im Bewegungsfluss der ersten Achter-Runde erneut das Kommando geben.

Übungsvarianten

Lassen Sie Ihren Hund nur eine halbe Achter-Runde laufen, indem Sie ihn mit dem Kommando „Seite" nach einer halben Runde stoppen und ihn in der rechten Grundposition belohnen. Diese Übung kann man beim Fußlaufen als eleganten Seitenwechsel einbauen.

Lassen Sie den Hund abseits von Ihnen Achter-Runden um zwei nahe beieinander stehende Gegenstände laufen. Da der Hund die Übung hier auf eine völlig andere Situation übertragen muss, ist anfangs in aller Regel ein wenig Hilfestellung nötig.

Nehmen Sie einen Gehstock oder Regenschirm zu Hilfe und lassen Sie den Hund zwischen Ihren Beinen und dem Schirm Achter-Runden laufen, indem Sie den Stock auf dem Boden aufgestellt halten. Der Hund muss hier eine Wendung mehr bewältigen.

Hier sind schon keine Hilfen mehr nötig.

13 Beineslalom

Aus der vorherigen Übung kann man sehr leicht den Beineslalom ableiten.

Lassen Sie Ihren Hund wieder aus der linken Grundposition starten. Stellen Sie sich diesmal aber nicht mit seitlich gegrätschten Beinen auf, sondern machen Sie mit dem rechten Bein einen Schritt nach vorne und bleiben Sie zunächst so stehen.

Starten Sie Ihren Hund mit dem Kommando „Schleife" und machen Sie selbst einen weiteren Schritt nach vorne, sobald Ihr Hund durch Ihre Beine durch an Ihre rechte Seite gelaufen

ist. Achten Sie darauf die Beinbewegung nicht zu schnell zu machen.

Sie können Ihrem Hund, wenn er durch diese neue Übung etwas verwirrt ist, auch eine Hilfe mit den Händen geben, indem Sie ihm den Weg beschreiben, so wie im Übungsaufbau bei der Übung „Schleife". Bauen Sie dann aber die Hilfen schnellstmöglich ab.

Um ein eigenständiges Kommando, zum Beispiel „Slalom", für diese Übung einzuführen, können Sie die Verknüpfungszeit nutzen, während Ihr Hund die Übung gerade macht. Wiederholen Sie dies etliche Male und lassen Sie ihn, wenn er eine gute Verbindung zu dem neuen Kommando hergestellt hat, direkt mit dem neuen Kommando starten.

Übungsvarianten

Beschreiben Sie – langsam laufend – Figuren, zum Beispiel zunächst einen Kreis, und lassen Sie Ihren Hund dabei „Slalom" laufen. Achtung, Sie müssen selbst ein wenig aufpassen, um nicht über Ihren fleißigen Hund zu stolpern!

Eine Abwandlung dieser Übung ist das Slalomlaufen durch die Beine, während man selbst rückwärts geht. Der Hund muss hierbei, anders als sonst, von außen in den Slalom einfädeln, sonst sieht die Übung ungelenk aus, weil ein lockerer Bewegungsfluss nicht möglich ist.

Beim Beineslalom kann der Einsatz der Hände zu Beginn eine Orientierungshilfe sein.

Wenn der Hund die Übung „Schleife" schon beherrscht, gibt es selten Verständnisprobleme auf Hundeseite. Lassen Sie ihn frontal vor sich stehen und machen Sie mit dem rechten Bein einen großen Schritt rückwärts. Weisen Sie Ihren Hund an, von außen an Ihrem linken Bein vorbei durch Ihre Beine hindurch nach rechts zu gehen. Belohnen Sie ihn dort. Machen Sie dann einen Schritt mit dem linken Bein nach hinten und wiederholen Sie die Übung spiegelverkehrt. Belohnen Sie den Hund nun links.

Üben Sie in den nächsten Tagen diese Übung, bis ein flüssiges Laufen möglich ist. Führen Sie für diese Übung ein eigenständiges Kommando (z. B. „Schlange") ein, sobald Sie merken, dass Ihr Hund von sich aus die richtige Handlung anbietet – vor allem das richtige Einfädeln am Start. Belohnen Sie später nicht mehr nach jedem Schritt, sondern in unregelmäßigen Abständen.

Gehen Sie zur Abwechslung nicht nur geradeaus nach hinten, sondern bauen Sie Kurven in Ihren Weg ein.

Beenden Sie diese Übung, indem Sie sie mit dem Kommando „Hier ran" oder „Seite" auflösen. Starten Sie dann mit Ihrem Hund nach vorne und lassen Sie ihn hierbei „Fuß" oder „Rechts" laufen.

Eine weitere Abwandlung der Übung ist, den Hund beim Rückwärtslaufen von innen einfädeln zu lassen. Er muss, da ein normales Laufen so nicht möglich ist, immer eine volle Drehung um Ihr Standbein machen. Setzen Sie Ihr linkes Bein zurück, während Ihr Hund vor Ihnen steht. Lassen Sie den Hund dann von vorne durch die Beine nach links außen laufen. Hier muss er außen einmal um Ihr linkes Bein herum wieder in die frontale Position laufen, während Sie mit Ihrem rechten Bein einen Schritt zurückgehen. Jetzt muss er von vorne einfädeln und um Ihr rechtes Bein drehen, während Sie mit den linken Bein wieder einen Schritt zurückgehen und so weiter.

14 Rückwärtsslalom

Beim Rückwärtsslalom soll der Hund rückwärts durch die Beine des Besitzers laufen. Die einfachere Variante ist, wenn der Mensch selbst auch rückwärts läuft.

Lassen Sie den Hund stehend aus der linken Grundposition starten. Sie selbst machen einen großen Schritt mit dem rechten Fuß nach hinten und bleiben zunächst so stehen. Locken Sie Ihren Hund anfangs mit einem Leckerchen in einem weiten Bogen mit der Nase nach außen. Wenn er mit der Nase dem Lockleckerchen folgt, dreht sich sein Hinterteil in Ihre Richtung. Wenn er so steht, dass er rückwärts durch Ihre Beine kommen kann, können Sie ihn entweder mit dem Leckerchen „schieben" oder, falls er die Übung schon kann, mit „Zurück" anweisen rückwärts zu gehen. Belohnen Sie ihn, wenn er auf der rechten Seite angekommen ist und parallel neben Ihnen in der Grundposition steht.

Den nächsten Bogen muss der Hund spiegelverkehrt von rechts nach links ausführen. Das Lernprinzip ist

hierbei das gleiche. Sobald der Hund sicher verstanden hat, was zu tun ist, kann man ein Kommando, zum Beispiel „Bogen", einführen. Die beiden Bögen sollen nun zu einem flüssigen Bewegungsablauf zusammengesetzt werden.

Tipp
Wenn Sie in dieser Übung den Clicker einsetzen wollen, empfiehlt es sich das Auswärtsdrehen, genauer gesagt die Bewegung des Hundepos in Richtung Ihrer Beine anzuclicken. Das Durchlaufen durch die Beine stellt selten eine Schwierigkeit dar. Wenn der Hund das Click für das richtige Einschlagen seines Hinterteils bekommen hat, können Sie ihm das versprochene Leckerchen trotzdem erst an der rechten Seite in der rechten Grundposition geben. Denn dann lernt der Hund einen flüssigen Bewegungsablauf und wartet nicht zwischen Ihren Beinen auf ein Leckerchen.

Neben dem richtigen Einschlagen gibt es auch noch eine zweite typische Hürde: Oftmals kommt der Hund nicht automatisch wieder parallel neben dem Besitzer, sondern gemäß seiner letzten Bewegungsrichtung im rechten Winkel zu ihm raus. Falls Ihr Hund hierzu neigt, können Sie anfangs eine Wand zu Hilfe nehmen, sodass er, wenn er durch Ihre Beine läuft, schnell mit dem Po nach hinten abbiegen muss, um nicht gegen die Wand zu stoßen. Belohnen Sie ihn konsequent nur, wenn er sein Hinterteil wieder schön parallel zu Ihnen ausgerichtet hat.

Übungsvarianten

🦴 Lassen Sie den Hund nur einen Bogen nach rechts oder links machen, sodass er praktisch einen Seitenwechsel in die jeweils andere Grundposition vollzogen hat, und laufen Sie dann vorwärts mit „Fuß" bzw. „Rechts" weiter.

🦴 Eine Übung für echte Könner ist es, den Hund rückwärts Slalom laufen zu lassen, wenn man selbst vorwärts läuft. Als Start kann man die Positionen „Spiegel" oder „Kontakt" verwenden.

15 „Umrunden"

Beim Umrunden soll der Hund eine volle Runde um einen ihm angewiesenen Gegenstand oder etwa um die Beine des Besitzers laufen.

Meist ist es recht einfach, dem Hund das zu vermitteln. Nehmen Sie eine Belohnung, die ihn hoch motiviert, und führen Sie ihn mit dieser Belohnung eng um das ausgewählte Objekt – zum Beispiel einen Laternenpfahl oder eine Stehlampe – herum. Achten Sie anfangs darauf, dass der Hund keinen Fehler machen kann, was den Weg anbetrifft. Verstellen Sie alternative Wegstrecken notfalls mit sperrigen Gegenständen.

Belohnen Sie ihn nach jeder vollen Runde und nennen Sie die Übung beim Namen, etwa „Umrunden", kurz bevor er startet. Wiederholen Sie diese Übung fünf oder sechs Mal. Lösen Sie sie dann auf und gönnen Sie dem Hund eine Pause. Versuchen Sie, nach und nach die Hilfe mit dem Lockle-

Sie können das Umrunden von Gegenständen mit dem Richtungsschicken (siehe Seite 121) kombinieren.

ckerchen immer mehr abzubauen und die Konzentration des Hundes auf das Kommando zu legen. Belohnen Sie prompte Leistung mit einem tollen Jackpot.

Diese Übung kann auch wunderbar mit dem Target-Stick trainiert werden, indem man dem Hund den Weg mit dem Stab umschreibt.

Übungsvarianten

🦴 Schicken Sie den Hund zwei oder drei Runden um den Gegenstand, bevor Sie ihn belohnen. Beenden Sie die Übung mit Ihrem Auflösekommando oder indem Sie direkt eine andere Übung anschließen.

Bei kleinen Hunden kann man als Trainingshilfe mit einem Target-Objekt arbeiten. Sobald der Hund die Übung verstanden hat, kann diese Hilfe abgebaut werden.

Stellen Sie sich mit eng geschlossenen Beinen hin und lassen Sie den Hund Ihre Beine umrunden. Diese Übung ist der Übung 9: Grundposition recht ähnlich. Sie können auch das Kommando für die Grundposition benutzen und den Hund beliebig viele volle Runden um Sie herum schicken.

Setzen Sie sich als Trainingsziel, dass der Hund diese Übung schnell generalisiert bzw. abstrahiert. Lassen Sie ihn an den verschiedensten Gegenständen „Umrunden" üben.

Schicken Sie Ihren Hund auch zum „Umrunden" von Gegenständen, die keine sonderliche Höhe aufweisen, zum Beispiel Flaschen, Taschen, Pylone oder Pfützen.

Lassen Sie den Hund wahlweise Ihr rechtes oder linkes Bein umrunden. Hierzu müssen Sie sich mit weit gegrätschten Beinen aufstellen. Geben Sie Ihrem Hund anfangs Hilfestellung, damit er sicher weiß, was er tun soll, denn er könnte es mit der Übung „Schleife" verwechseln. Bauen Sie diese Hilfestellungen nach und nach ab.

Eine anspruchsvolle Abwandlung stellt folgende Übung dar: Nehmen Sie selbst die Turnposition Waage ein und weisen Sie den Hund an, Ihr Standbein zu „Umrunden".

Verbinden Sie die Übungen „Apport" und „Umrunden" und lassen Sie sich vom Hund mit einem Seil umwickeln. Aus dieser Übung kann man eine kleine Performance ableiten, in der der Hund einen „Bösewicht" an den Marterpfahl bindet oder einen selbst vom Marterpfahl befreit.

16 „Mitte"

Das Ziel dieser Übung ist, dass der Hund zwischen den gespreizten Beinen des Besitzers in die gleiche Richtung wie dieser geht. Ähnlich wie beim Fußlaufen muss sich der Hund auch hier gut konzentrieren und genau auf die vorgegebene Geschwindigkeit achten.

Lassen Sie Ihren Hund „Sitz-Bleib" machen und stellen Sie sich mit gegrätschten Beinen über oder ganz dicht vor Ihren Hund. Halten Sie ihn dann beim Loslaufen unter Spannung, indem Sie ihn auf eine Belohnung schauen lassen, die Sie in der Hand dicht vor Ihrem Körper halten.

Achtung
Bedenken Sie, dass das Unter-Ihnen-Stehen für den Hund bedeutet, dass er körperlich von Ihnen bedroht wird. Ein absolut intaktes Vertrauensverhältnis ist die Voraussetzung für diese Übung! Wenn Sie sehen, dass der Hund schüchtern reagiert, sollten Sie erst noch weiter an einer vertrauensvollen Beziehung arbeiten und den Hund über viele Erfolgsmomente aufbauen, bevor Sie sich wieder diesem Trainingsziel zuwenden.

Wenn der Hund der in Aussicht gestellten Belohnung gut folgt und sich an diesen Bewegungsablauf gewöhnt hat, können Sie das entsprechende Kommando (z. B. „Mitte") einführen und das Locken als Hilfestellung abbauen. Belohnen Sie Ihren Hund später erst, wenn er ein paar Schritte bzw.

Nicht jeder Hund fühlt sich in dieser Position so wohl.

die gewünschte Strecke in der Position „Mitte" mit Ihnen gelaufen ist.

Übungsvarianten

Weisen Sie Ihren Hund an, gleichzeitig mit Ihnen anzuhalten, und variieren Sie hier mit den Kommandos „Sitz", „Platz" oder „Steh" den Abschluss der Übung.

Laufen Sie nicht immer gerade Strecken, sondern bauen Sie auch Winkel und Kurven ein.

Lassen Sie den Hund aus dem Laufen in der Position „Mitte" eine vom „Fuß"-Laufen her bekannte 180-Grad-Wendung machen und gehen Sie mit dem Hund bei „Fuß" zurück.

Bringen Sie Abwechslung in diese Übung, indem Sie den Hund aus dem „Mitte"-Laufen „Steh", „Sitz" oder „Platz" aus der Bewegung heraus machen lassen, während Sie selbst weitergehen.

Kombinieren Sie die Befehle „Mitte" und „Zurück" und laufen Sie mit Ihrem Hund zusammen rückwärts.

Kombinieren Sie die Befehle „Umrunden" und „Mitte". Belohnen Sie Ihren Hund hier zwischen Ihren Beinen, wenn er sich abschließend in der richtigen Position eingefunden hat, nachdem er fast eine ganze Runde um Sie herum gelaufen ist. Wahlweise können Sie den Hund auch aus der Position „Mitte" starten lassen.

Weisen Sie Ihren Hund an, aus der Position „Mitte" mit „Hier ran" oder „Seite" in die jeweilige Grundposition zu wechseln.

17 „Zwischen"

Die Übung „Zwischen" ist im Prinzip die umgedrehte Form von „Mitte". Der Hund soll auch hier zwischen den Beinen des Besitzers laufen und immer auf gleicher Höhe mit ihm bleiben. Er soll aber von vorne zwischen den Beinen stehen, sodass er rückwärts laufen muss, wenn der Hundeführer vorwärts läuft und umgekehrt.

Diese Übung ist meist etwas schwieriger als die Übung „Mitte". Ein Sichtzeichen kann man dem Hund nur hinter dem Rücken geben. Hierbei hat man keine hundertprozentige Kontrolle über die Konzentration des Hundes.

Stellen Sie sich für den Übungsaufbau mit gegrätschten Beinen auf und lassen Sie den Hund von vorne frontal auf Sie zugehen. Halten Sie ein Spielzeug hinter dem Rücken verborgen. Sehr geeignet ist ein Spielzeug an einem Seil. Lassen Sie das Seil des Spielzeugs länger, sobald der Hund vor Ihnen steht, sodass er es zwischen Ihren Beinen sehen kann. Geben Sie ihm das OK, an das Spielzeug heranzutreten. Bleiben Sie einen kurzen Moment lang so stehen, sagen Sie in diesem Moment „Zwischen" und belohnen Sie den Hund.

Wiederholen Sie diese Übung an verschiedenen Tagen, bis sich der Hund auf Kommando gut bei Ihnen unterstellt. Beginnen Sie erst dann in dieser Position mit dem Hund zu laufen. Gehen Sie zunächst langsam rückwärts, denn das ist für den Hund einfacher, weil er vorwärts läuft. Sagen Sie hierbei „Zwischen", damit Ihr Hund weiß, dass er die Position zwischen Ihren Beinen halten soll. Belohnen Sie ihn nach ein bis zwei Schritten.

Üben Sie später auch die andere Richtung: „Zwischen" in Kombination mit „Zurück", was noch etwas anspruchsvoller ist. Üben Sie auch hier zunächst immer nur sehr kurze Strecken, bis Ihr Hund die Übung sicher beherrscht.

Übungsvarianten

Eine Variante ist, den Hund am Ende der Übung in der Position „Zwischen" „Sitz", „Platz" oder „Steh" machen zu lassen.

Laufen Sie rückwärts los und verlangen Sie von Ihrem Hund die Übung „Zwischen". Bauen Sie in Ihre Wegstrecke auch Winkel und Kurven ein.

Lassen Sie den Hund aus der Position „Zwischen" nach rechts oder links heraus in die Grundstellung laufen.

Verlangen Sie in der Übung „Zwischen" vom Hund „Sitz", „Platz" oder „Steh" aus der Bewegung, während Sie selbst weitergehen. Lösen Sie dann die Übung auf.

Kombinieren Sie die Befehle „Umrunden" und „Zwischen". Belohnen Sie Ihren Hund hier zwischen Ihren Beinen, wenn er sich abschließend in der richtigen Position eingefunden hat.

18 Krabbengang

Diese Übung ist nicht ganz einfach, aber sehr spektakulär, wenn der Hund sie beherrscht.

Der Hund soll in dieser Übung, ähnlich wie die Pferde beim Dressurreiten, seitwärts laufen. Hierbei muss er entweder sehr kleine Schritte machen oder die Füße überkreuzen. Lassen Sie den Hund die Übung zunächst so ausführen, wie es ihm leichter fällt. An Feinheiten kann man später gegebenenfalls noch feilen.

Zwei Target-Varianten sind als Trainingshilfe sehr vielversprechend. Im einen Fall soll der Hund, wenn er die Übung 57 „Obacht" schon gelernt hat, das Zielobjekt mit dem Blick fixieren, während Sie sich samt Zielobjekt ganz langsam seitwärts bewegen. Belohnen Sie den Hund anfänglich bei jedem Schritt, vorausgesetzt er bewegt nicht nur seine Vorderfüße, sondern nimmt auch sein Hinterteil mit.

Um das „Problem" mit dem Hinterteil zu lösen, bietet sich alternativ ein Hüft-Target an. Dann weiß der Hund genau, wo er mit der Hüfte hin soll.

Eine dritte Möglichkeit, das Seitwärtslaufen zu trainieren, ist über das Kommando „Vor" gegeben. Wenn der Hund in der Übung „Vor" zuverlässig absolut gerade vor Ihnen steht, können Sie Ihre Position um einen halben Schritt seitlich versetzen und den Hund anweisen, wieder „Vor" zu kommen. Da die Strecke, die der Hund nun laufen muss, nur aus ein paar Zentimetern besteht, entscheiden sich die meisten Hunde fürs Seitwärtslaufen, was ihnen einen deutlichen Erfolg in Form eines Jackpots bescheren sollte!

Führen Sie das Kommando (z. B. „Krabbe") ein, sobald Ihr Hund seine Füße gut kontrolliert seitwärts versetzt und problemlos etwa einen Meter seitwärts laufen kann.

Tipp

Der Clicker kann hier sehr gut eingesetzt werden, wenn man möchte, dass der Hund in dieser Übung die Vorderfüße überkreuz setzt. Dabei müssen Sie aber exakt im richtigen Moment clicken!

Übungsvarianten

Dehnen Sie schrittweise die Distanz aus. Achten Sie darauf, selbst in einer geraden Linie seitwärts zu laufen, damit sich der Hund die richtige Bewegung angewöhnt. Behelfen Sie sich notfalls mit einer Markierung auf dem Boden.

Die meisten Hunde haben – wie Menschen auch – eine Schokoladenseite. Üben Sie aber als zusätzlichen Anspruch ruhig das Seitwärtslaufen in beide Richtungen, also nach rechts und nach links. Wenn Sie möchten, können Sie hierbei zwei unterschiedliche Kommandos (z. B. „Sidestep") verwenden, dann hat der Hund gleichzeitig auch noch eine tolle Übung zur Richtungsanweisung gelernt.

Lassen Sie den Hund so vor sich stehen, dass er Ihnen den Po zuwendet (vgl. Übung 57 „Obacht"). Verlangen Sie nun die Übung „Krabbe" oder „Sidestep". In dieser Übung kann man sich selbstverständlich als Trainingshilfe ebenfalls eines Targets bedienen.

Ein Trainingsziel für Fortgeschrittene, also wenn Ihr Hund das Seitwärtslaufen gut beherrscht, ist, den Hund „Krabbe" oder „Sidestep" laufen zu lassen ohne selbst mitzulaufen.

19 „Zurück"

Diese Übung erfordert einiges Geschick von Hund und Halter. Das
Rückwärtsgehen kann man sich auch
im Alltag zunutze machen.

☞ Es gibt viele Möglichkeiten
dem Hund das Rückwärtsgehen
beizubringen. Es ist ein wenig eine
Frage der Veranlagung, welche Methode zum schnellsten Erfolg führt.

Das freie Formen (s. Seite 50 ff.)
wäre beispielsweise eine geeignete
Trainingsmöglichkeit. Viele Hunde reagieren aber auch gut auf folgenden
Ansatz:

Wenn Ihr Hund das frontale Stehen
auf Kommando (Übung 58 „Vor")
schon gut beherrscht, können Sie ihm
aus dieser Position leicht das Rückwärtslaufen vermitteln. Der Einsatz
des Clickers macht sich hier bezahlt.
Halten Sie dem Hund eine tolle Belohnung vor die Nase und bedrängen Sie
ihn sanft damit, indem Sie einen
Schritt auf ihn zugehen. Sobald er einen seiner Hinterfüße nach hinten
setzt, sagen Sie das Kommando, beispielsweise „Zurück", und belohnen
ihn ausgiebig.

Wenn Sie mit dem Clicker arbeiten,
gilt es genau auf diese Bewegung zu
achten und das Versetzen der Hinterfüße nach hinten anzuclicken.

Setzen Sie in den nächsten Übungen in kleinen Schritten den Anspruch
hoch und verlangen Sie nach diesem
ersten Schritt auch bald den zweiten
und so weiter. Wichtig ist, dass der
Hund nicht überfordert wird, denn
sonst macht er Fehler. Lassen Sie ihn
anfangs schon nach zwei bis drei
Schritten neu starten.

Tipp
Wenn Ihr Hund die Tendenz hat
schräg zu laufen, sollten Sie diese
Übung entlang einer Wand üben,
sodass er gegen die Wand driftet,
wenn er nicht wirklich gerade zu-
rückgeht.

Dehnen Sie langsam die Wegstrecke
aus, die der Hund rückwärts zurücklegen soll. Belohnen Sie ihn nach Möglichkeit dort, wo er sich gerade befindet, wenn Sie meinen, dass er sich
eine Belohnung verdient hat. Werfen
Sie ihm das Leckerchen dann ggf. zu.
Das empfiehlt sich auch, wenn Sie die
Übung mit dem Clicker aufbauen.
Viele Hunde neigen sonst zu einer
Pendelbewegung, das heißt sie laufen
erst ein paar Schritte rückwärts und
dann wieder vorwärts, weil sie erwar-
ten, dass es das Leckerchen bei Ihnen
gibt. In der Übung sollen sie aber lernen, sich später auch eine etwas längere Strecke rückwärts von Ihnen
wegzubewegen, um dort auf neue
Anweisungen zu warten.

Tipp
Wenn Sie als Hilfestellung in dieser
Übung auf den Hund zugehen,
sollten Sie dringend auf eine
freundliche, nicht bedrohliche Körpersprache achten!

Übungsvarianten

🦴 Bauen Sie die Hilfestellung, auf
den Hund zuzugehen, aus der
Grundübung ab. Arbeiten Sie daran,
dass Ihr Hund auf das Kommando

„Zurück" eine kurze Strecke rückwärts von Ihnen weg geht, ohne dass Sie ihm folgen.

Setzen Sie die Übung „Zurück" im Alltag ein, wenn Ihr Hund beispielsweise zu dicht vor einer Tür steht, die Sie öffnen wollen, oder schicken Sie ihn bei Bedarf mit der Übung „Zurück" aus dem Zimmer.

Eine tolle Variation ist es, wenn Hund und Halter gleichzeitig rückwärts laufen. Auf diese Weise entfernen Sie sich immer mehr voneinander. Bauen Sie die Distanz auch hier schrittweise auf.

Ein großes Maß an Geschick und Vertrauen erfordert es, eine Treppe rückwärts zu erklimmen. Gehen Sie zu Beginn des Trainings die Treppe zunächst mit dem Hund hinunter und lassen Sie ihn mit den Hinterpfoten auf der letzten Stufe stehen. Da der Hund mit den Vorderfüßen den Boden berührt, hat er schon die richtige Körperhaltung. Verlangen Sie dann das schon auf ebenem Boden geübte gerade „Zurück".

Das Rückwärts-eine-Treppe-Hochlaufen kann noch weiter abgewandelt werden, indem Sie den Hund hierbei einen Gegenstand apportieren lassen.

Wenn Ihr Hund Gefallen am Rückwärtsgehen gefunden hat, können Sie ihm beibringen, nicht nur gerade rückwärts, sondern auch in Bögen zu laufen. Verleiten Sie ihn, indem Sie ihn wiederum leicht körperlich bedrängen und – selbst Ihren Oberkörper nach rechts oder links neigend – einen kleinen Bogen zu schlagen. Belohnen Sie Ihren Hund, wenn er Ihren Bewegungen folgt. Üben Sie

das möglichst ganz getrennt vom normalen Rückwärtslaufen, denn dort ist es unerwünscht, wenn der Hund Bögen läuft. Führen Sie deshalb in dieser Übung von Anfang an ein eigenes Kommando (z. B. „Kurven") ein.

Führen Sie Ihren Hund unter dem Kommando „Kurven" durch einen Hindernisparcours.

Handarbeit

Man kann Hunde mit ihren Pfoten eine Vielzahl von Aufgaben erledigen lassen – sowohl aus dem Spaß- als auch aus dem Arbeitssektor. Schon das klassische „Pfötchengeben" kann beispielsweise zum Pfotenabtrocknen sehr praktisch sein.

20 „Pfote"

Der Klassiker unter den „Handarbeitsübungen" ist das Pfötchengeben. Mit dieser Übung hat man gleichzeitig auch eine sehr gute Basis für andere Aufgaben geschaffen.

Der Übungsaufbau ist denkbar einfach: Nehmen Sie eine Qualitätsbelohnung und zeigen Sie diese Ihrem Hund. Halten Sie die Belohnung dann in der geschlossenen Faust dem Hund etwa in Höhe seiner Brust entgegen. Warten Sie geduldig, bis Ihr Hund als Bettelgeste oder aus Gier mit der Pfote nach der Belohnung angelt. Geben Sie diese genau in diesem Moment frei und sagen Sie zeitgleich Ihr

Kommando (z. B. „Pfote"). Selbstverständlich kann das Pfötchengeben dem Hund auch als frei geformte Übung mit dem Clicker vermittelt werden (s. Seite 51).

Übungsvarianten

Vermitteln Sie Ihrem Hund, auf Kommando die rechte oder die linke Pfote zu geben. Hierzu können Sie unterschiedliche Kommandos, zum Beispiel „Pfote" und „Die Andere" (oder auch „Hand"), einführen. Als leichte Anfangshilfe empfiehlt es sich, dem Hund die eigene Hand so entgegenzustrecken, dass er je nach Übung mit der „Pfote" oder „Hand" leichteres Spiel hat.

Machen Sie mit Ihrem Hund diese Übungen, während er steht, sitzt oder liegt.

Trainieren Sie, dass auch Sie unterschiedliche Haltungen einnehmen können, beispielsweise neben dem Hund hockend, hinter dem Hund stehend oder gar liegend.

Lassen Sie sich die Pfote nicht nur auf die Hand geben, sondern bieten Sie Ihrem Hund auch einmal den Fuß als Stütze an.

Als Partygag ist es immer wieder lustig, wenn der Hund auch fremden Menschen bereitwillig die Pfote gibt, wenn diese ihm ihre Hand entgegenstrecken. Spannen Sie Hilfspersonen ein, die Ihnen hierbei helfen. Achten Sie darauf, dass der Hund locker und entspannt ist und sich durch die leicht nach vorne geneigte Haltung und den meist konzentrierten Blick der Personen nicht bedrängt fühlt.

Üben Sie für den „Ernstfall", dass Ihr Hund Ihnen bereitwillig eine Pfote gibt und Sie an dieser Pfote gewisse Manipulationen vornehmen können. Feilen Sie beispielsweise eine Kralle oder untersuchen Sie den Zehenzwischenraum. Achten Sie darauf, dass der Hund mit dieser Übung einen starken persönlichen Erfolg verbindet. Das bedeutet: Belohnen Sie ihn schon nach kurzer Zeit. Vielen Hunden sind solche Manipulationen zunächst unheimlich. Vermitteln Sie Ihrem Hund deshalb über den Spaß in dieser Übung, dass es ganz harmlos ist. Auf diese Weise haben Sie später, wenn wirklich mal etwas sein sollte, leichtes Spiel.

Verlangen Sie vom Hund die Übungen „Pfote" oder „Hand", bieten Sie ihm aber keine Stütze mehr an. Der Hund soll hier die Pfote einfach nur für einen kurzen Moment in der Luft halten.

Lassen Sie Ihren Hund in die Position „Vor" kommen und dort stehen oder sitzen. Verlangen Sie nun von ihm abwechselnd „Pfote" und „Hand" und strecken Sie jeweils Ihr linkes oder rechtes Bein leicht angewinkelt vor, sodass er mit den Pfoten immer Ihr Knie oder Ihren Oberschenkel berührt.

Eine interessante Abwandlung dieser Übung ist, sich vom Hund auch dessen Hinterpfoten geben zu lassen. Den meisten Hunden bereitet dies deutlich mehr Probleme als die Vorderpfoten einzusetzen.

Gute Chancen hat man mit dem Clicker, denn durch das optimierte Timing kann man dem Hund leichter vermitteln, was man möchte. Als Hilfe

kann man unten leicht gegen eines der Hinterbeine tippen, um zu erreichen, dass der Hund das Bein vom Boden aufnimmt. Wenn man über eine gute Beobachtungsgabe verfügt, kann man die Übung aber auch frei formen, indem man eines der Hinterbeine gut im Auge behält und wartet, bis der Hund zu einem Schritt ansetzt und genau in dem Moment clickt, wenn der Hund das entsprechende Bein kurz in der Luft hält. Sobald der Hund verstanden hat, um was es geht, kann man ein neues Kommando (z. B. „Tatze") einführen.

21 „High five"

In der Übung „High five" soll der Hund mit seiner Pfote die Innenseite Ihrer Hand berühren, die Sie ihm zum „Abklatschen" hinhalten.

Im Übungsaufbau kann man sich entweder eines Lockleckerchens bedienen, das man zwischen den Fingern an der geöffneten Hand einklemmt, oder eine Target-Konditionierung (s. Seite 46 f.) vorschalten.

Belohnen Sie Ihren Hund, wenn er die Pfote gut in die Luft streckt, um „abzuklatschen". Bei kleinen Hunden muss man die Hand nach unten hinhalten, bei größeren kann man sie, wenn man sitzt, auch nach oben halten. Sagen Sie Ihr Kommando (z. B. „High five") immer dann, wenn der Hund gut mitmacht und sich bemüht, Ihre Hand zu treffen.

Bei einem kleinen Hund muss man zum „Abklatschen" in die Hocke gehen.

Übungsvarianten

Üben Sie „High five" sowohl mit der rechten als auch mit der linken Vorderpfote. Führen Sie hierzu ein neues Kommando ein, damit Ihr Hund lernt, die Übungen mit der rechten oder linken Pfote zu unterscheiden. Wenn Ihr Hund „Pfote" und „Hand" gut unterscheiden kann, können Sie ihm auch „Pfote-high five" und „Hand-high five" befehlen, um ihm die Unterscheidung zu erleichtern.

Lassen Sie Ihren Hund in der Grundposition sitzen und verlangen Sie dann die Übung „High five" mit der linken Pfote. Der Hund soll hier die Pfote nur hoch in die Luft strecken. Sie halten ihm in diesem Fall keine Hand zum Abklatschen hin. Wenn er diese Übung gut beherrscht, können Sie Ihre Position verändern und sich hinter den Hund stellen, sodass er mit dem Rücken zu Ihnen sitzt. Von oben aus können Sie nun so tun, als ob Sie die Pfoten Ihres Hundes wie ein Puppenspieler bewegen, wenn Sie ihm „High five" befehlen.

Eine ganz ähnliche Übung, bei der mehr Einsatz auf Menschenseite gefordert ist, geht so: Lassen Sie Ihren Hund in der Grundposition sitzen oder stehen und verlangen Sie „High five" mit der rechten oder der linken Pfote ins Leere, wie bei der vorigen Übung auch. Strecken Sie nun aber selbst jeweils, wenn der Hund die rechte Pfote hebt, Ihr rechtes Bein gerade nach vorne und wenn der Hund die linke Pfote hebt das linke. In dieser Übung können Sie zusätzlich eine Hilfsperson einbinden, die hinter Ihnen steht und so tut, als ob sie die Gliedmaßen von Ihnen und Ihrem Hund wie ein Puppenspieler bewegt.

Eine sehr nette kleine Show kann an das Kommando „High five" gekoppelt werden, wenn der Hund seine Pfote bereits einen kurzen Moment ins Leere hochhalten kann. Stellen Sie sich dann vor den Hund und fragen Sie ihn zum Beispiel: „Wer weiß, wo ein Spielzeug ist?" Geben Sie ihm zunächst an dieser Stelle das Kommando „High five" oder, noch eleganter, ein entsprechend subtiles Sichtzeichen. Tauschen Sie später das Kommando gegen Ihre Frage, sodass diese zum Signal für die Übung wird. Der Hund streckt nun die Pfote in die Luft, als ob er sich meldet. Lassen Sie ihn dann sein Lieblingsspielzeug holen, indem Sie sagen: „Dann zeig mir den Ball" oder etwas Ähnliches. Besonders lustig sieht diese Show aus, wenn mehrere Hunde vor einem sitzen. Es reicht hierbei, wenn einer der Schlaumeier ist.

Üben Sie „High Five" mit subtilem Sichtzeichen und lassen Sie den Hund danach bellen. Diese „Wortmeldung" wird für Aufsehen sorgen.

22 „Bitte"

In der Übung „Bitte" soll der Hund beide Vorderpfoten gleichzeitig nach vorne in die Luft strecken und die Füße dabei möglichst eng beisammen lassen. Diese Übung kann wahlweise aus der Übung „Männchen" oder

„High five" erarbeitet werden. Wenn Ihr Hund eines dieser Kommandos schon beherrscht, können Sie mit der altbekannten Übung starten.

Zum Feinschliff dieser neuen Übung können Sie ihn dann entweder weiter in die gewünschte Endposition locken und belohnen oder den Clicker als Verstärker einsetzen.

23 „Winken"

Beim Winken soll der Hund wieder die Übung „High five" ins Leere machen und die Pfote für einen Moment oben lassen – im Idealfall mit Ruderbewegungen. Da es für einen Hund relativ anstrengend ist, die Pfote ein Weilchen in der Luft zu halten, fangen die meisten Hunde spontan an zu rudern. Das ist hier ganz in unserem Sinne.

Lassen Sie Ihren Hund zunächst die Übung „High five" machen. Wiederholen Sie das Kommando, um ihn etwas länger bei der Stange zu halten, wenn Sie merken, er will die Pfote wieder absetzen. Auf diese Weise wird die winkende Bewegung unterstützt. Führen Sie ein neues Kommando (z. B. „Winken") ein, sobald Sie erkennen, dass der Hund alles richtig macht. Belohnen Sie ihn für diese Anstrengung. Der Clicker ermöglicht einem hier das beste Timing, um das Verhalten zu formen.

Trainieren Sie am Schluss die Zeitdauer. Um einen tollen Effekt zu erzielen, reicht es, wenn der Hund ein paar Sekunden lang mit der Pfote winken kann.

24 Spanischer Schritt

Um dem Hund den spanischen Schritt beizubringen, wie er beim Dressurreiten gezeigt wird, kann man sich entweder die Übungen „Pfote" oder „High five" zunutze machen oder dem Hund diese Übung mittels Target-Training vermitteln.

Lassen Sie den Hund zunächst links in der Grundposition stehen. Machen Sie nun einen Schritt nach vorne. Der Hund soll ja beim Mitlaufen etwas deutlicher als sonst die Pfoten setzen. Sagen Sie dazu eines der oben erwähnten Kommandos, um dem Hund die Übung zu erleichtern.

Wenn Sie sich des Target-Trainings bedienen, halten Sie dem Hund das Zielobjekt, das er mit der Pfote antippen soll, so vor den Körper, dass er die Pfote mit einer Vorwärtsbewegung bis in die gewünschte Höhe heben muss. Es macht sich hierbei bezahlt, wenn beim Target-Training dem Hund schon vermittelt wurde, dass er wahlweise mit der rechten oder linken Pfote das Zielobjekt antippen soll.

Belohnen Sie den Hund anfangs für jeden Schritt, bei dem er seinen Vorderfuß schwungvoll nach oben gerichtet hat. Wenn Sie mit dem Clicker arbeiten, können Sie feine Details am besten abpassen und entsprechend verstärken. Achten Sie auf einen guten Rhythmus beim Laufen und beenden Sie diese Übung anfangs nach ca. vier Schritten.

Dehnen Sie die Distanz nur in kleinen Schritten aus, denn diese Übung ist nicht einfach. Führen Sie das Kommando (z. B. „Pferdchen") erst ein, wenn Sie sicher sind, dass der Hund die Übung fehlerfrei umsetzen kann.

Übungsvarianten

Lassen Sie Ihren Hund an Ihrer rechten und linken Seite im spanischen Schritt laufen.

Aus dieser Übung kann man leicht eine Spaßübung abwandeln, bei der der Hund ein paar Schritte auf drei Beinen laufen soll. Hier zahlt sich der Einsatz eines Zielobjektes als Trainingshilfe ebenfalls aus. Üben Sie dies aber getrennt vom spanischen Schritt, um den Hund nicht zu verwirren. Er soll die beiden Übungen klar voneinander unterscheiden können. Das bedeutet, dass die eine erst sicher beherrscht werden muss, bevor man mit der anderen beginnt. Benutzen Sie für die Übungen unbedingt unterschiedliche Kommandos, beispielsweise „Pferdchen" und „Humpeln". Im Übungsaufbau können Sie sich zum Beispiel der Kommandos „Pfote", „High five" bedienen. Im Gegensatz zum spanischen Schritt soll der Hund hier die Pfote nicht absetzen, sondern einige Schritte mit dem Bein in der Luft bleiben.

25 „Elegant"

Einige Hunde schlagen von sich aus gelegentlich im Liegen die Vorderpfoten übereinander, was sehr elegant aussieht.

Wenn der Hund eine Verhaltensweise von sich aus immer wieder anbietet, kann man das Verhalten spontan mit dem Clicker stärken und schließlich auf Kommando setzen. Hat der Hund diese Angewohnheit nicht, kann man es ihm über die

Target-Konditionierung leicht vermitteln.

Bringen Sie Ihrem Hund zunächst bei, einen Zielgegenstand auf Kommando zuverlässig beispielsweise mit der rechten Pfote zu berühren (s. Seite 44). Üben Sie dies dann auch, während der Hund liegt.

In der eigentlichen Übung verlangen Sie von Ihrem Hund zunächst „Platz". Wenn er gelernt hat, mit seiner rechten Pfote das Zielobjekt zu berühren, sieht die Übung folgendermaßen aus: Halten Sie das Zielobjekt (wenn man den Hund anschaut, von vorne betrachtet) rechts neben die linke Pfote des Hundes auf den Boden und verlangen Sie, dass er das Objekt berührt. Belohnen Sie ihn, wenn er alles richtig macht. Der Clicker kann einem hier gute Dienste erweisen. Sollte Ihr Hund versuchen, sich erst in eine bessere Position zu bringen, bevor er das Zielobjekt berührt, kann man den entsprechenden Zielgegenstand zunächst auch links neben die linke Pfote und im nächsten Schritt auf die Pfote legen, um die Übung in noch weitere Einzelteile zu splitten. Achten Sie immer darauf, vom Hund nur das zu verlangen, was er umsetzen kann. Führen Sie erst am Schluss, wenn Ihr Hund schon genau weiß, was er tun soll, ein Kommando ein wie z.B. „Elegant".

Übungsvariante

Wenn Ihr Hund diese Übung beherrscht, kann er auch lernen, die Übung spiegelverkehrt mit der anderen Pfote zu machen.

26 „Knicks"

Der Hund soll hier zunächst im Liegen eine Vorderpfote einschlagen. Auch diese Übung bieten einige Hunde spontan an, sodass man die gezeigte Verhaltensweise in diesen Fällen nur mit dem Clicker einfangen muss, um sie zu stärken und später auf Kommando zu setzen.

Sollte der eigene Hund nicht auf die Idee kommen, die Pfote einzuschlagen, bietet sich auch hier das Target-Training (s. Seite 43 f.) als Methode an.

Eleganz auf Signal.

Halten Sie das Zielobjekt so, dass der Hund im Liegen eine Pfote abknicken muss, um es zu erreichen. Etwas uneleganter im Training ist die Variante, die Pfote vorne anzutippen und ein Wegziehen des Hundes zu belohnen – vorausgesetzt, er schlägt die Pfote dabei ein. Wenn das Einknicken der Pfote gut klappt, kann man diese Übung auf Signal (z. B. „Knicks") setzen.

Übungsvariante

Wesentlich spektakulärer als die Grundübung im Liegen sieht der Knicks aus, wenn der Hund dabei die Vorderkörpertiefstellung einnimmt. Kombinieren Sie hierzu die Übungen „Diener" und „Knicks". Setzen Sie anfänglich, falls nötig, wieder das Zielobjekt als Hilfe ein.

27 Der Goldgräber

Viele Hunde lieben es, in lockerer Erde zu buddeln. In diesem Fall stellt es in aller Regel keine Schwierigkeit dar, diese Übung dann auf Kommando zu setzen.

Sollte Ihr Hund das Verhalten nicht spontan zeigen, können Sie die Übung folgendermaßen aufbauen: Bedecken Sie ein schmackhaftes Leckerchen dünn mit Erde und verleiten Sie den Hund dann, das Futter auszugraben. Setzen Sie Ihr Kommando, zum Beispiel „Gold" oder „Gibt's Gold?" und ggf. den Clicker oder eine spontane Belohnung ein, wenn Sie mit dem Resultat der Bewegungen zufrieden sind.

Übungsvarianten

Lassen Sie den Hund Dinge aus dem Boden graben, die Sie dort versteckt haben. Erleichtern Sie ihm zunächst die Übung, indem Sie ihn beim Vergraben der Dinge zuschauen lassen.

Wenn Ihr Hund das Kommando schon gut kennt, können Sie ohne seine Anwesenheit Dinge vergraben. Zeigen Sie ihm dann die Stelle und lassen Sie ihn die entsprechenden Dinge (z. B. Futter oder Spielzeug) ausgraben.

Vergraben Sie in Abwesenheit Ihres Hundes wiederum Spielzeug oder Futter und lassen Sie ihn dann frei danach suchen – und es ausgraben. Sie können zur Hilfe das Gebiet etwas eingrenzen. Zeigen Sie Ihrem Hund aber in dieser Übung nicht die genaue Stelle.

28 „Polonaise"

Wenn Sie einen großen Hund haben, können Sie ihm leicht beibringen sich mit den Pfoten auf Ihren Schultern oder wahlweise auch am Rücken abzustützen.

Locken Sie ihn hierzu mit Futter oder Spielzeug, das Sie hinter Ihrem Rücken halten und setzen Sie Ihr Kommando (z. B. „Polonaise") immer dann ein, wenn Ihr Hund alles richtig macht. Geben Sie ihm danach seine Belohnung. In dieser Übung ist es unerwünscht, dass der Hund springt. Ein gewisses Maß an Ruhe muss also trainiert werden. Sobald Ihr Hund sich mit den Vorderpfoten gut an Ihnen abstützt, können Sie beginnen, sehr langsam einige Schritte mit ihm in dieser Stellung zu laufen. Belohnen Sie ihn, wenn er nicht den Kontakt zu Ihnen verliert und seine Hinterfüße so setzt, dass er mit Ihren Schritten mithalten kann.

Als Spaß können Sie Ihren Hund dann als Schlusslicht einer kleinen Polonaise laufen lassen. Bedenken Sie aber, dass diese Stellung für den Hund anstrengend ist und nur von Hunden verlangt werden sollte, die keine Probleme im Bereich des Bewegungsapparates haben.

Übungsvariante

Wenn Ihr Hund keinerlei Scheu vor körperlichen Berührungen hat, kann er auch als Glied in eine Polonaise eingebunden werden. Da diese Übung einige körpersprachliche Bedrohungselemente beinhaltet, sollte darauf geachtet werden, dass ihm die Person, an der er sich abstützt, gut bekannt ist und die Person, die ihm dann die Hand auf Rücken oder Schultern legt, möglichst seine Bezugsperson ist.

29 „Schäm dich"

Unter dem Kommando „Schäm dich" kann man dem Hund beibringen, dass er sich mit einer Vorderpfote über den Augenbogen wischt oder sich die Pfote über ein Auge hält, so als ob er sich in Scham hinter der Pfote verbergen wollte.

Leichtes Spiel hat man, wenn man den Clicker als Hilfsmittel wählt. Die Übung kann dann entweder frei geformt werden oder man setzt ein Hilfsmittel zur Unterstützung ein. Hierzu eignet sich beispielsweise ein kleines Stück eines Klebezettels, das man dem Hund nah ans Auge klebt. Die meisten Hunde versuchen sofort, sich diesen Fremdkörper abzustreifen. Sobald der Hund also mit seiner Pfote in Richtung Auge angelt, gilt es zu clicken und den Hund zu belohnen. Diese Übung sollte durch etliche Wiederholungen gut gefestigt werden, bevor man das Kommando „Schäm dich" einführt. Bauen Sie die Hilfe ab, indem Sie das Klebezettelchen immer kleiner werden lassen und führen Sie das Kommando ein, sobald Ihr Hund Sicherheit in der Handlung gefunden hat.

Übungsvarianten

Um mehr Varianz zu haben, kann man dem Hund die Übung „Schäm dich" auch mit der anderen Vorderpfote beibringen. Nach Bedarf kann man hierfür natürlich unterschiedliche Kommandos für die rechte und für die linke Pfote einführen.

Aus der Übung „Schäm dich" kann sehr leicht noch eine andere Übung abgeleitet werden, nämlich dass sich der Hund mit beiden Vorderpfoten gleichzeitig die Augen verdeckt. Auch hierzu kann man ein neues Kommando z. B. „Versteck dich" benutzen. Der Übungsaufbau entspricht dem der Grundübung.

30 Der Handwerker

Manche Hunde beweisen ein beson-
deres Geschick mit den Pfoten und
lernen sehr schnell, wozu sie sie einsetzen können.

Über die Target-Konditionierung
(s. Seite 43 f.) gelingt es einem leicht,
dieses Geschick in kontrollierte Bah-
nen zu lenken. Der Hund kann so problemlos lernen, die verschiedensten
Aufgaben mit der Pfote zu erledigen.
Wenn der Hund bereits auf ein Zielobjekt in Bezug auf eine Pfote trainiert
ist, stehen einem eine Vielzahl von
Handwerksübungen offen.

Übungsvarianten

Lassen Sie den Hund mittels des
Kommandos für das Pfoten-
Target-Objekt einen Ball rollen, indem
Sie das Zielobjekt so vor den Ball halten, dass der Hund den Ball in
Schwung bringt, wenn er das Zielobjekt und damit indirekt auch den Ball
mit der Pfote berührt. Sobald Ihr
Hund diese Übung gut beherrscht,
kann man das Zielobjekt als Hilfsmittel
ausschleichen und für die Übung ein
eigenes Kommando (z. B. „Fußball")
einführen.

Dieselbe Übung kann man auch
mit einem großen Schaumstoff-
würfel umsetzen, den der Hund dann
mittels Pfote bedient. Auch diese
Übung können Sie mit einem eigenen
Kommando, z. B. „Würfeln", belegen.

Schubfächer oder Türen zu
schließen ist ebenfalls mittels
Target-Konditionierung keine Schwierigkeit mehr. Auch hier erzielt man
den größten Effekt, wenn man in der

Übung, sobald der Hund verstanden
hat, worauf es ankommt, das Hilfsmittel ausschleicht und die Übung auf ein
eigenständiges Kommando (z. B.
„Schließen") setzt. Achten Sie bei der-
lei Übungen stets auf die Sicherheit
Ihres Hundes, damit er sich nicht die
Pfoten an einem Schubfach oder einer
Tür einklemmt.

Üben Sie mit Ihrem
Hund, eine Vorderpfote
genau in einen Ihrer Hausschuhe zu
stellen. Je nach Geschick können Sie
dann auch verlangen, dass er mit dem
Schluppen ein paar Schritte läuft. Noch
anspruchsvoller ist die Übung, wenn
Sie ihm beibringen, sich an beiden
Vorderpfoten Hausschuhe anzuziehen.

Basteln Sie sich eine kleine
Schalterkonstruktion oder eine
kleine Wippe, die der Hund mit der
Pfote betätigen muss, um eine Futterbelohnung zu ergattern.

Nutzen Sie das handwerkliche
Geschick für eine Anzeige mit
der Pfote (vgl. S. 87). Verstecken Sie
hierzu beispielsweise unter einem umgedrehten Blumentopf einige Leckerchen. Lassen Sie sich den Fundort
vom Hund dadurch anzeigen, dass er
die Pfote auf den Blumentopf legt. Sie
können mit einem fortgeschrittenen
Hund trainieren, dass er die Futterbelohnung erst auf Ihr ausdrückliches
o.k. hin fressen darf. Sichern Sie hierzu zunächst die Belohnung, damit Ihr
Hund lernt, dass es ohne Teamwork
nicht geht.

Den Anspruch der Übung können Sie zusätzlich steigern, indem Sie mehrere Blumentöpfe verwenden, aber nur unter einem etwas
verstecken. Sie schulen hierbei gleich-

Wenn der Hund würfeln kann, ist er der Star bei Familienspielen und Kinderfesten.

zeitig die Riechleistung (vgl. Übung 32) Lassen Sie sich auch hier den richtigen Blumentopf mit der Pfote anzeigen.

Bringen Sie Ihrem Hund über das freie Formen bei, eine seiner Vorderpfoten in eine Schale mit Wasser zu stellen (vgl. Seite 52). Legen Sie, wenn Ihr Hund diese Übung beherrscht, großflächig Packpapier o. Ä. auf dem Boden aus und befüllen Sie die Wasserschale mit ungiftiger, wasserlöslicher Farbe. Verlangen Sie dann vom Hund seine Pfote in die Farbe zu tippen und geben Sie ihm dann Anweisung über das Papier zu laufen. Auf diese Weise können Sie interessante Hundekunst herstellen –

besonders wenn Sie Schalen mit verschiedenen Farben aufstellen.

Nasenarbeit

Hunde verfügen über einen für uns Menschen kaum vorstellbar gut ausgeprägten Geruchssinn. Den meisten Hunden ist es deshalb möglich, Dinge wahrzunehmen, die uns völlig verborgen bleiben. Viele Hunde scheinen jedoch den in unserem Sinne planmäßigen Arbeitseinsatz ihrer Nase erst lernen zu müssen. Neben rasse-

bzw. zuchtbedingten Unterschieden in der Riechleistung scheint das daran zu liegen, dass unsere Haushunde von Anfang an darauf gepolt werden, hauptsächlich Augen und Ohren zu nutzen, da wir Menschen Dinge, die der Hund mit Augen und Ohren wahrnimmt, erfassen können und entsprechend verstärken oder modifizieren.

31 Geruchsunterscheidung

Unter der Voraussetzung, dass der Hund schon einen sicheren Apport beherrscht, sieht ein für uns als weitgehend „nasenblinde" Menschen gut nachvollziehbarer Trainingsansatz folgendermaßen aus:

Besorgen Sie sich eine beliebige Anzahl von gleichartigen Gegenständen, die aus einem Material sein sollten, das der Hund schon aus der Apportarbeit kennt. Je weniger porös das Material ist, umso besser für den Start, denn das erleichtert dem Hund die Arbeit. Metall ist gut geeignet, aber nicht jederhunds Sache, was die Begeisterung, die Gegenstände zu apportieren, anbetrifft.

Wenn Sie mit Metallgegenständen trainieren, brauchen Sie nicht so genau darauf zu achten, die Gegenstände nicht mit der bloßen Hand anzufassen. Vor dem Trainingsstart sollten die Objekte dann aber kurz mit enzymhaltigem Waschmittel abgewaschen und danach mit einer alkoholischen Lösung abgerieben werden, um Eiweiß und Fettbestandteile von den Gegenständen zu lösen. Bei bzw. nach dieser Prozedur ist es wichtig, dass die Gegenstände (bis auf einen) nicht

mehr angefasst werden. Kennzeichnen Sie den Gegenstand, den Sie angefasst haben, und legen Sie beispielsweise mit einer ebenfalls geruchsgereinigten Grillzange einen neutralen und den angefassten Gegenstand im Abstand von ca. einem Meter voneinander entfernt aus.

Lassen Sie den Hund nun arbeiten. Er soll Ihnen den geruchlich durch Ihre Hand gekennzeichneten Gegenstand bringen. Sollte er den falschen bringen, ignorieren Sie sein Verhalten. Nehmen Sie ihm den Gegenstand nicht ab. Sagen Sie nichts und tun Sie so, als ob Sie es gar nicht merken, dass er Ihnen etwas anbietet. Bleiben Sie geduldig und loben Sie ihn überschwänglich, wenn er Ihnen den richtigen Gegenstand bringt.

Tipp
Den Hund für „Fehlversuche" zu ignorieren ist wichtig, um das unerwünschte Verhalten nicht zu verstärken. Selbst ihn wieder loszuschicken kann schon zu viel sein. Bleiben Sie locker! Es ist kein Problem, wenn der Hund erst alle falschen Objekte bringt. Beachtung bekommt er erst für das richtige! Auf diese Weise lernt er auf einfache Weise, was er zu tun hat.

Wiederholen Sie diese Aufgabe in verschiedenen Trainingssitzungen, bis er ungefähr fünf Mal hintereinander den richtigen Gegenstand gebracht hat. Halbieren Sie dann den Abstand der beiden Gegenstände zueinander. Gehen Sie nach diesem Schema weiter vor, bis Ihr Hund auch in direkter Nähe des geruchsneutralen Gegenstandes seine Nase einsetzt und Ihnen immer den richtigen bringt.

Fügen Sie dann ein weiteres geruchsneutrales Objekt hinzu. Starten Sie die Übung anfangs wieder mit mehr Abstand zwischen den einzelnen Objekten. Trainieren Sie dieses Spiel immer weiter, bis der Hund fehlerfrei aus einer gewissen Anzahl von Objekten das richtige bringt.

Übungsvarianten

Wenn der Hund die oben beschriebene Übung beherrscht, können Sie schwierigere Objekte ins Spiel bringen. Lassen Sie den Hund zum Beispiel Holzstücke, Ledersachen o.Ä. bringen. An diesen Objekten haftet immer eine Vielzahl von Gerüchen. Achten Sie hier beim Übungsstart strikt darauf, dass Sie diese Gegenstände niemals vorher mit der bloßen Hand angefasst haben!

Machen Sie den Hund mit einer Vielzahl von Objekten vertraut und nehmen Sie dann auch Gegenstände in das Programm auf, die grundsätzlich eine ähnliche Geruchsqualität haben, etwa verschiedene Paare von Schuhen. Für den Start ist es für den Hund einfacher, wenn die einzelnen Paare von verschiedenen Menschen sind. Legen Sie die verschiedenen Schuhpaare in Sichtweite aus und behalten Sie einen Schuh zurück. Lassen Sie den Hund an dem Schuh riechen und schicken Sie ihn los, das Gegenstück zu finden. Sollte diese Übung für den Hund zu schwer sein, können Sie mit den neuen Objekten noch einmal die Grundübung wie mit den Metallteilen machen, in

der zunächst nur zwei Objekte ausliegen. Weisen Sie Ihren Hund vor der Suche ein, indem Sie ihn an dem zurückgehaltenen Schuh die Information aufnehmen lassen, die er für die Suche braucht.

Türmen Sie einen Haufen verschiedener Gegenstände auf. Verstecken Sie in diesem Wust von Sachen einen speziellen Gegenstand wie etwa einen Tennisball. Lassen Sie den Hund dann mit einem anderen Tennisball Geruchskontakt aufnehmen und schicken Sie ihn los, aus dem Haufen von Gegenständen den Tennisball herauszuholen.

Diese Geruchsunterscheidungsübung kann man zusätzlich erschweren, wenn man die Objekte nicht mehr sichtbar, sondern versteckt auslegt. Aus Erfahrung kann ich sagen, dass diese Übung Gold wert ist, wenn man selbst ein nicht so ordentlicher Mensch ist…

Variieren Sie diese Übung beliebig, indem Sie den Hund nach und nach auch Dinge suchen lassen, die nicht Ihren, sondern den Geruch anderer Personen tragen. Je seltener die jeweilige Person den Gegenstand berührt hat bzw. je mehr andere Gerüche daran haften, desto schwieriger ist die Übung für den Hund.

32 „Such"

Dinge zu suchen macht vielen Hunden sehr viel Spaß. Aber nicht jeder Hund bringt hierfür die gleiche Begeisterung und auch nicht das gleiche Talent mit. Passen Sie den Schwierigkeitsgrad der Übungen Ihrem Hund

Für das Auffinden von Personen hat sich der Hund einen Jackpot verdient.

an. Die Übung „Such" kann man auf beliebige Art und Weise beenden. Lassen Sie Ihren Hund wahlweise am gefunden Objekt eine Übung machen, zum Beispiel „Platz" oder „Laut" zum Verweisen, oder lassen Sie ihn das Objekt apportieren oder das Gesuchte fressen.

Dem Hund die Übung „Such" beizubringen ist einfach: Verstecken Sie zum Beispiel vor den Augen Ihres Hundes sein Lieblingsspielzeug oder ein schmackhaftes Leckerchen unter einem Handtuch. Schicken Sie Ihren Hund dann mit „Such" los, sich die Sachen zu holen. Loben Sie ihn überschwänglich, wenn er das Ziel erreicht und die Sache gefunden hat!

Übungsvarianten

 Verstecken Sie sich oder bitten Sie eine dem Hund vertraute

Hilfsperson sich zu verstecken. Lassen Sie den Hund dann suchen. Je enger die Beziehung ist, desto leichter ist diese Übung für den Hund. Günstig ist es, wenn der Hund zunächst von der Person, die sich verstecken wird, beispielsweise mit einem Spielzeug angereizt wird, damit er weiß, dass er dort etwas Tolles bekommt. Die Belohnung soll er dann natürlich direkt von der entdeckten Person bekommen.

 Verstecken Sie einen Gegenstand, ohne dass Ihr Hund zuschaut und schicken Sie ihn los, dieses Objekt zu suchen. Schließen Sie ggf. eine Übung an („Apport", „Platz" oder „Laut" zum Verweisen), sobald der Hund den betreffenden Gegenstand gefunden hat.

 Verstecken Sie im hohen Gras, im Sand oder im Schnee Dinge für Ihren Hund und schicken Sie ihn los, diese Dinge zu suchen.

85

Lassen Sie Ihren Hund unter umgedrehten Blumentöpfen versteckte Leckerchen oder Spielzeug suchen. Schließen Sie ggf. eine Anzeige- oder Apportübung an.

Lassen Sie Ihren Hund einen ihm vertrauten Menschen suchen, ohne dass er gesehen hat, wo dieser sich versteckt. Auch hier ist es am günstigsten, wenn die gefundene Person ihn direkt belohnt.

Erschweren Sie die Übung, indem Sie die Objekte oder Personen an schwerer zugänglichen Orten verstecken. Das kann ein Gebüsch sein oder hinter einer Tür, aber auch erhöht, zum Beispiel auf einem Baum oder mit Laub bedeckt am Boden. Lassen Sie Ihren Hund die Problemsituation möglichst eigenständig lösen und zum Beispiel besagte Tür selbst öffnen, einen Gegenstand ausgraben etc. Sie können Ihren Hund auf dem Weg zum Erfolg mit dem Clicker bestärken.

Weisen Sie den Hund durch ein Vergleichsobjekt in den Geruch ein und lassen Sie dann den versteckten Gegenstand suchen.

33 Substanzerkennung

Für dieses Spiel brauchen Sie einen Hilfsgegenstand, beispielsweise einen etwa 15 Zentimeter langen Plastikschlauch, der dick genug ist, um darin ein Taschentuch zu verstecken.

Gewöhnen Sie den Hund zunächst daran, den Schlauch zu apportieren. Belohnen Sie ihn überschwänglich, damit er viel Freude bei dieser Arbeit hat.

Entscheiden Sie sich nun für eine Substanz, die Ihr Hund finden soll.

„Berufsspürhunde" suchen bekanntlich nach Drogen oder Sprengstoffen. Sie aber können Ihren Hund zum Beispiel Genussmittel wie Tee oder Kaffee suchen lassen. Wickeln Sie eine kleine Menge der Substanz, die Ihr Hund suchen soll, in ein Taschentuch ein und stecken Sie es so präpariert in den Plastikschlauch. Spielen Sie mit Ihrem Hund wiederum einige Male Apportspiele mit diesem Objekt und loben Sie ihn über den grünen Klee, wenn er den Schlauch aufnimmt und Ihnen bringt. Durch dieses Spiel assoziiert der Hund den Geruch der gesuchten Substanz mit seinen Erfolgserlebnissen. Führen Sie dann ein entsprechendes Kommando für diese Übung ein – zum Beispiel „Drogenfahnder".

Übungsvarianten

Lassen Sie den Hund nicht mehr zusehen, wo Sie seinen „Drogenschlauch" versteckt haben, und schicken Sie ihn los, ihn zu suchen und zu bringen. Setzen Sie den Clicker ein, wenn er mit Eifer dabei ist, und belohnen Sie ihn für jeden Erfolg.

Gewöhnen Sie den Hund schrittweise daran, dass „seine" Substanz auch in anderen Objekten versteckt sein kann. Schicken Sie ihn mit dem entsprechenden Kommando los, Ihnen die Substanz anzuzeigen, die Sie diesmal nicht in dem Schlauch, sondern etwa in einem aufgeschnittenen Tennisball versteckt haben.

An die Substanzerkennungsübung kann man auch verschiedene Anzeigearten anschließen. Das Verweisen in der Platzposition oder das „Laut" Verweisen kennt der Hund ja vielleicht schon aus anderen Übungen. Für die „Drogenarbeit" kann er auch andere oftmals von der Polizei genutzte Anzeigeformen lernen.

„Sitz" als Anzeigeform

Wenn Sie möchten, dass der Hund als Anzeige sitzt, können Sie folgendermaßen vorgehen: Verstecken Sie den Drogenschlauch unter einem schweren Gegenstand, sodass der Hund ihn nicht eigenständig aufnehmen kann.

Lassen Sie ihn vom Hund dann suchen. Verlangen Sie „Sitz" vom Hund, sobald er den Gegenstand gefunden hat und belohnen Sie ihn, indem Sie den Gegenstand befreien und den Hund den Gegenstand aufnehmen lassen. Er kann dann mit dem Schlauch mit Ihnen spielen oder für das Abliefern des Schlauches bei Ihnen mit einem besonders schmackhaften Leckerchen belohnt werden.

Wiederholen Sie diese Übung und schleichen Sie langsam die Hilfe aus, dem Hund das „Sitz"-Kommando zu geben. Belohnen Sie ihn mit einem Jackpot, wenn er eigenständig auf die Idee kommt, sich vor das Objekt zu setzen und auf Ihre Hilfe zu warten.

Anzeigeform mit der Pfote

Um den Hund ein Objekt mit der Pfote anzeigen zu lassen, kann man sich des Target-Prinzips bedienen. Trainieren Sie den Hund in einer Sonderübung darauf, seinen „Drogenschlauch" mit der Pfote anzutippen (Trainingsaufbau s. Seite 43 f.). Wenn

er zuverlässig mit der Pfote den Schlauch antippt, können Sie diese Anzeige mit der eigentlichen Substanzerkennungsübung verknüpfen.

Legen Sie hierzu den Gegenstand so aus, dass der Hund ihn nicht selbständig aufnehmen kann, und weisen Sie ihn an, diesen anzuzeigen, indem Sie ihm das Kommando geben, ihn mit der Pfote anzutippen. Verfahren Sie wie oben beschrieben, um das Verhalten zu verstärken. Bauen Sie dann auch hier langsam die Hilfe ab. Belohnen Sie den Hund anfänglich immer mit einem Jackpot, wenn er eigenständig das erwünschte Verhalten zeigt.

34 Futtersuchspiele

Eine bequeme Beschäftigungsmöglichkeit für Hunde, die Trockenfutter bekommen, ist, ihnen das Futter ab und an nicht mehr aus dem Napf, sondern erst nach einer entsprechenden Suche zu geben. Für Futtersuchspiele kann man sich verschiedenste Varianten ausdenken. Hier ist Ideenreichtum gefragt!

Übungsvarianten

Werfen Sie eine gewisse Menge an Futterstückchen in den Raum und lassen Sie den Hund das Futter suchen und fressen.

Setzen Sie Futterbälle (Activity Ball, Buster Cube, Biscuit Ball und Gitterball) ein, um dem Hund seine Mahlzeit zukommen zu lassen.

Verstecken Sie Futter unter einem alten Laken oder der Hundedecke und lassen Sie Ihren Hund eigenständig arbeiten, um an die Ration zu kommen.

Lassen Sie Ihren Hund gefundene Futterstücke, die Sie unzugänglich versteckt haben, mit „Sitz", „Platz", der Pfote oder „Laut" verweisend anzeigen, bevor er sie haben darf.

Füllen Sie einen Kong mit Futter und verschließen Sie die Öffnung mit Schmierkäse oder einer Schicht Leberwurst.

Füllen Sie einen Kong mit Weichfutter oder mit Trockenfutter, das mit Schmierkäse oder Leberwurst versetzt ist und legen Sie den Kong dann ins Tiefkühlfach. Lassen Sie Ihren Hund später sein „Kong-Eis" bearbeiten.

Verstecken Sie jeweils eine kleine Belohnung unter einer ganzen Anzahl von leeren umgedrehten Büchsen oder Dosen.

Diese Übung können Sie erschweren bzw. variieren, indem Sie die Büchsen nicht einfach sichtbar hinstellen, sondern sie unter Büschen etc. im Garten oder auch im Haus im Zimmer verstecken und den Hund dann danach suchen lassen.

Streuen Sie einen Teil der Trockenfutterration im Garten weitflächig auf den Rasen.

Haben Sie noch ein paar alte Stiefel, die Sie nicht mehr brauchen? Falls ja, können Sie entweder „pur" oder in ein Handtuch eingewickelt im Stiefel ein begehrtes Leckerchen verstecken. Lassen Sie den Hund auch hier selbständig arbeiten, um an den Happen zu gelangen.

Legen Sie im Garten eine Spur aus klitzekleinen Leckerchen, ohne dass Ihr Hund dabei ist. Drehen Sie Kurven etc. Am Ende dieser Spur kann eine größere Belohnung versteckt sein. Führen Sie Ihren Hund dann an den Anfang der Spur und lassen Sie ihn loslegen.

Für Fortgeschrittene können Sie diese Übung noch schwieriger gestalten, indem Sie auch schon auf dem Weg zur großen Endbelohnung hin und wieder einmal ein Leckerchen etwas aufwendiger, beispielsweise in einem Blumentopf verstecken.

Ein Haufen alter Socken eignet sich hervorragend für ein weiteres Futterabenteuer. Legen Sie die Socken als Knäuel zusammen. Stecken Sie in einen der Socken ein schmackhaftes Leckerchen. Legen Sie nun alle Sockenknäuels auf den Boden und lassen Sie dann den Hund nach dem Futtersocken suchen. Entweder er bastelt sich sein Leckerchen selbst heraus oder er apportiert Ihnen den Socken, damit Sie ihm helfen, an sein verdientes Leckerchen zu kommen.

Stecken Sie einen dünnen Stab, auf dem Sie ringförmige Leckerchen aufgefädelt haben, in den Boden im Garten oder fädeln Sie Leckerchen auf einen Strick auf (Vorsicht, der Hund darf den Strick auf keinen Fall aus Versehen verschlucken können!) und animieren Sie den Hund, sich das so präparierte Futter zu erarbeiten.

Diese Übung kann erschwert werden, wenn der Stab, auf dem die Leckerchen aufgefädelt sind, schwingend angeboten wird. Achten Sie auch hier immer auf die Sicherheit des Hundes. Ein versehentliches Verschlucken des Stabes muss ausgeschlossen sein!

Lassen Sie Ihren Hund das Futter aus einem Futterautomaten erarbeiten. Ein solches Gerät können Sie über das Internet beziehen oder es sich mit einigem Geschick in vereinfachter Form selbst basteln.

Lassen Sie den Hund aus einem mit Wasser gefüllten Trog Futterstücke fischen. Da viele Leckerchen im Wasser untergehen, können sie auch auf einem „Korkfloß" angeboten werden.

Kopfarbeit

Hunde können auch einige relativ abstrakte Zusammenhänge lernen. Das Talent hierfür ist individuell allerdings sehr unterschiedlich ausgeprägt.

Hunde, die schon mit der Methode des freien Formens vertraut sind, entwickeln oft eine extrem schnelle Auffassungsgabe. Sie wissen schon, dass das Lernen über das Prinzip „Versuch und Irrtum" Spaß macht und zu einem lohnenswerten Endziel führt. Das bedeutet aber nicht, dass Hunde, die das freie Formen noch nicht kennen oder sich schwer damit tun, weil sie wenig eigene Ideen anbieten, Probleme nicht eigenständig lösen könnten!

Stellen Sie Ihren Hund vor eine Problemsituation und warten Sie ab, was passiert. Gestalten Sie das Ende dieser Übungen stets so, dass Ihr Hund am Schluss voll auf seine Kosten kommt, indem er eine tolle Futterbelohnung oder sein Lieblingsspielzeug erhält.

Nehmen Sie sich für die hier vorgestellten Kopfarbeitsübungen immer genug Zeit und geben Sie dem Hund möglichst keine Hilfen, denn in diesen Übungen soll er wirklich ganz eigenständig die Lösung finden. Bleiben Sie immer freundlich und geduldig, auch wenn der Hund vielleicht einmal nicht zum Ziel kommen sollte. Druck verleidet dem Hund das eigenständige Mitarbeiten und führt dazu, dass er sich in Zukunft gar nicht erst trauen wird, etwas auszuprobieren.

Achtung
Wenn Sie merken, dass Ihr Hund frustriert oder unsicher reagiert, weil er Ihre Erwartungshaltung nicht spontan erfüllen kann, sollten Sie ihm doch Hilfen geben, um eine angenehme Übungsatmosphäre zu schaffen. Besonders gut eignen sich dann Hilfen über den Clicker nach dem Prinzip des freien Formens.

Übungsbeispiele

Lassen Sie Ihren Hund alleine in einem Raum zurück und lehnen Sie die Tür an. Rufen Sie ihn nun zu sich. Wesentlich leichter ist diese Übung, wenn sich die Tür nach außen öffnen lässt, sodass der Hund sie nur mit der Nase oder Pfote aufstoßen muss. Türen, die nach innen aufgehen, stellen für einen Hund mitunter eine echte Herausforderung dar. Lassen Sie ihn herausfinden, wie er die Türen öffnen kann.

Gehen Sie mit Ihrem Hund und einer Hilfsperson an einem Bachlauf entlang, über den eine Brücke führt. Bleiben Sie dann am Ufer zurück und bitten Sie die Hilfsperson, mit dem Hund die Brücke zu überqueren. Gehen Sie dann ca. zwanzig Meter parallel zum Bach weiter. Die Hilfsperson und Ihr Hund sollten auf der anderen Seite dasselbe tun. Rufen Sie Ihren Hund dann zu sich und warten Sie, ob er auf die Idee kommt zur Brücke zurückzulaufen, um zu Ihnen zu kommen.

Anspruchsvoller ist diese Übung, wenn der Hund mit der Hilfsperson zurückbleibt und Sie die Brücke überqueren, denn dann muss der Hund bei Zuruf eigenständig eine Strecke zurücklegen, die er noch nicht kennt.

Öffnen Sie vor den Augen Ihres Hundes ein Schubfach und legen Sie ein besonders leckeres Leckerchen hinein. Schieben Sie das Schubfach zu, aber so, dass es noch einen Spaltbreit offen steht. Sagen Sie Ihrem Hund dann, dass er sich das Leckerchen holen darf.

Lassen Sie diese Übung von Ihrem Hund statt an einem Schubfach mit einem Pappkarton umsetzen.

Befestigen Sie an einer Schnur ein schmackhaftes Leckerchen, beispielsweise ein Schweineohr o.Ä., und schieben Sie dann diese Belohnung so unter einen Schrank oder unter einem Zaun durch, dass in Reichweite des Hundes nur noch die Schnur liegt. Beobachten Sie, ob er nur durch das Ziehen an der Schnur an die Belohnung kommt. Achten Sie darauf, dass die Schnur nicht verschluckt werden kann!

Turnübungen

In diesem Kapitel werden verschiedene Figuren und „Turnübungen" vorgestellt. Diese kann man mit dem Hund nur zum Spaß, zur intensiveren Beschäftigung, im Rahmen einer kleinen privaten Vorführung oder auch für eine spätere Dogdance-Performance erarbeiten.

35 „Drehen"

Ein Hund kann relativ leicht lernen, Drehungen um seine eigene Achse zu vollführen. Halten Sie dem Hund ein Leckerchen vor die Nase und beschreiben Sie mit diesem Lockleckerchen einen Kreis, der so groß sein muss, dass sich der Hund dem Leckerchen folgend einmal um sich selbst dreht. Sagen Sie in diese Bewegung hinein das Kommando (z.B. „Drehen").

> **Tipp**
> Wenn Sie mit Ihrem Hund später eine kleine Aufführung machen oder diese Übung mit anderen kombinieren möchten, lohnt es sich, für die Drehung nach rechts oder links jeweils unterschiedliche Signale (z.B. „Drehen" und „Rum") einzuführen.

Bauen Sie im nächsten Trainingsschritt die Hilfe ab, dem Hund den Weg mit dem Lockleckerchen vorzugeben, indem Sie zunächst mit einer Armbewe-

Hunde mit langem Rücken müssen einen Bogen mit größerem Radius laufen.

gung den Kreis noch beschreiben, aber in der Hand kein Lockleckerchen mehr halten. Der Hund bekommt die Belohnung nach der vollendeten Drehung. Bei Bedarf können Sie sich zum Schluss daran machen, auch das Sichtzeichen als Hilfe abzubauen und den Hund mehr auf das Sprachkommando zu konzentrieren.

Tipp
Schüchterne Hunde fühlen sich oftmals nicht wohl, wenn man in dieser Übung zu Beginn mit dem Arm über ihnen Kreise in die Luft schreibt, denn sie werten das als Bedrohung. Alternativ kann diese Übung mit dem Target-Stick (Nasen-Target-Übung) trainiert wer-den. Auf diese Weise kann man körperlich mehr Abstand vom Hund halten.

Bei schüchternen Hunden leistet ein Target-Stab gute Dienste.

Übungsvarianten

🦴 Üben Sie mit dem Hund, die Drehung sowohl an Ihrer Seite (aus der rechten oder linken Grundposition), als auch vor Ihnen zu machen. Wiederum haben Sie hier zwei Richtungen zur Auswahl.

🦴 Lassen Sie Ihren Hund beim Fußlaufen an der linken Seite eine Drehung nach außen, also linksherum machen.

🦴 Üben Sie nun die Drehung nach rechts, wenn der Hund „Rechts" läuft.

🦴 Drehungen aus dem Fußlaufen sind auch nach innen möglich, sodass sich der Hund dann zu Ihnen hin dreht. Hierbei muss er etwas bes-

ser aufpassen, damit er Ihnen nicht in den Weg läuft.

🦴 Trainieren Sie auch Drehungen auf Distanz. Nehmen Sie hierzu zunächst die Kommandos „Steh" und „Bleib" zu Hilfe, damit Ihr Hund weiß, dass er auf Abstand bleiben soll. Alternativ kann man den Target-Stab als Abstandhalter einsetzen.

36 „Durch"

Um den Hund vor eine neue Anforderung zu stellen, kann man ihm beibringen, einem von vorne nach hinten auf Kommando durch die gegrätschten Beine zu laufen.

Der Übungsaufbau ist denkbar einfach: Stellen Sie sich frontal zum Hund mit gegrätschten Beinen auf und werfen Sie ein Leckerchen durch Ihre Beine nach hinten. Animieren Sie den Hund, das Häppchen zu holen.

Deuten Sie im nächsten Übungsschritt den Wurf mit dem Leckerchen nur an und belohnen Sie Ihren Hund, der dank der Täuschung durch Ihre Beine gelaufen ist, z. B. in der Grundposition. Anfänglich kann es sein, dass Sie dem Hund das Leckerchen in der Grundposition zeigen müssen, oder Sie lassen ihn mit Kommando in die Grundposition kommen.

Tipp
Wenn Sie an „Durch" gerne weitere Übungen anschließen wollen, empfiehlt es sich, die Übung so aufzubauen, dass der Hund immer in der Grundstellung (wahlweise auch rechts in der Grundstellung)

belohnt wird, denn sonst lungern die Hunde häufig etwas ziellos hinter einem herum oder wenden sich, ohne dass die Übung aufgelöst wurde, anderen interessanten Dingen zu.

Führen Sie nun ein eigenes Kommando (z. B. „Durch") für diese Übung ein, indem Sie „Durch" immer zu Beginn der Übung sagen, wenn Sie den Hund zunächst noch mit dem angedeuteten Wurf des Leckerchens verleiten. Schleichen Sie im nächsten Schritt, wenn der Hund schon eine gute Verknüpfung zum Sprachsignal hergestellt hat, das Täuschungsmanöver als Hilfe aus.

Übungsvarianten

Schließen Sie an eine Rückrufübung direkt das Kommando „Durch" an und lassen Sie Ihren Hund durch Ihre gegrätschten Beine laufen.

Drehen Sie sich selbst auf einem Fuß um ca. 90 Grad im Uhrzeigersinn und stellen Sie sich dann in gegrätschter Haltung auf. Lassen Sie den Hund nun „Durch" laufen. Diese Übung kann man mehrmals hintereinander machen, was einen netten Showeffekt darstellt.

Knien Sie sich mit einem Bein auf den Boden und stellen Sie den anderen Fuß auf, sodass Ihr Bein einen Rahmen bildet. Lassen Sie Ihren Hund dort „Durch" laufen.

Kombinieren Sie diese Übung mit dem Richtungsschicken und lassen Sie Ihren Hund „Voraus" und dann „Durch" die gegrätschen Beine

einer ihm gut vertrauten Hilfsperson laufen.

Mit zwei oder drei Hunden und mehreren Hilfspersonen kann man ein Krocket-Spiel nachahmen. Die Hilfspersonen sollen sich in der Grätsche als „Tore" aufstellen, während die Hundeführer ihre Hunde anweisen müssen, jeweils mit „Voraus" und „Durch" den Parcours zu meistern.

37 Hervorlugen

Eine reine Spaß-Übung ist das Hervorlugen. Um einen möglichst großen Effekt zu erzielen ist es nötig, dass der Hund wirklich direkt hinter Ihnen steht und mögliche Zuschauer vor Ihnen. Sonst verliert die Übung an Charme.

Lassen Sie den Hund „Sitz" oder „Steh" und „Bleib" machen und stellen Sie sich so vor ihm auf, dass Sie mit dem Rücken zum Hund stehen. Spreizen Sie nun die Beine gerade so weit, dass der Hund mit dem Kopf hindurchpasst. Verleiten Sie ihn mit einer tollen Belohnung, seinen Kopf durch Ihre Beine hindurchzustecken und belohnen Sie ihn in dieser Haltung. Benutzen Sie gleichzeitig das gewünschte Kommando, z. B. „Kuckuck".

Übungsvarianten

Der Hund kann auch lernen, seitlich um ein Bein hervorzulugen. Der Übungsaufbau ist mit einem Lockleckerchen meist sehr einfach. Bei dieser Variante kommt es nicht so sehr darauf an, ob

„Ist die Luft rein?"

der Hund wirklich gerade hinter Ihnen steht. Wichtig ist aber, dass er seinen Kopf möglichst eng an Ihrem Bein entlangführt und dann mit seinem Kopf seitlich an Ihrem Bein einen Moment verharrt. Auch diese Übung ist immer ein großer Spaß für Zuschauer. Als Kommando kann man „Ist die Luft rein?" verwenden.

Dieselbe Handlung kann man mit dem Hund auch am Eingang zu einem Zimmer üben. Lassen Sie den Hund auf diese Weise erst mal in einen Raum spähen, bevor Sie ihn mit ihm zusammen betreten.

38 Rückwärts Umrunden

In dieser Übung soll der Hund sich rückwärts um 360 Grad um ein angewiesenes Objekt z. B. die Beine des Besitzers drehen.

Ein möglicher Übungsaufbau sieht folgendermaßen aus: Basteln Sie sich zum Beispiel aus vier Eimern, auf die Sie jeweils ein Brett legen, ein kleines Begrenzungsviereck. Dieses Viereck sollte so groß sein, dass der Hund sich – neben Ihnen stehend – gerade darin drehen kann. Lassen Sie dem Hund ein bisschen Zeit, sich an die Hilfsmittel zu gewöhnen und belohnen Sie ihn ein paar Mal, wenn er aufmerksam in der Grundposition an Ihrer rechten oder linken Seite innerhalb des Vierecks steht. Locken Sie ihn dann mit einem Leckerchen oder einem Nasen-Target-Stab rückwärts. Nach einem kleinen Schritt wird er an die Begrenzung kommen und anstoßen. Ziel ist, dass er wegen der Begrenzung schräg weiter um Sie herum läuft. Clicken Sie bzw. belohnen Sie ihn sofort, sobald Sie merken, dass er auf dem richtigen Weg ist.

Bauen Sie die Hilfen schrittweise ab, wenn ersichtlich ist, dass der Hund mehr und mehr spontan seinen Po in die richtige Richtung bringt. Geben Sie ihm einen Jackpot, wenn er beim Rückwärtslaufen besonders eng an Ihrem Körper bleibt. Führen Sie auch hier das Signal z.B. „Circle" für diese Übung erst ein, wenn Ihr Hund zuverlässig den Bogen raus hat. Trainieren Sie dann die Übung ganz ohne Hilfen.

Eine andere Möglichkeit die Übung aufzubauen ist, ein Target-Objekt als Hilfe einzusetzen. Da die Schwierigkeit dieser Übung darin besteht, dem Hund zu vermitteln, dass er mit seinem Körper rückwärts eine Kreisbewegung beschreiben soll, bietet sich der Einsatz eines Hüft-Targets an.

Beginnen Sie mit dieser Übung erst, wenn Ihr Hund die Target-Übung mit der Hüfte schon sicher beherrscht. Entscheiden Sie sich bei der Target-Übung für eine Hüfte. Lernt Ihr Hund mit der rechten Hüfte das Target-Objekt zu berühren, können Sie dies für das Rückwärtsumrunden aus der linken Grundposition nutzen. Die Target-Konditionierung ist auf Seite 46f. beschrieben. Wenn Sie das Target-Training in diesem Fall nur für das

Rückwärtsumrunden einsetzen möchten, brauchen Sie kein eigenständiges Kommando einzuführen. Sie können der Target-Übung gleich den Namen für das Rückwärtsumrunden geben oder die Target-Übung ohne Sprachsignal durchführen.

Lassen Sie Ihren Hund in die Grundposition an Ihre linke Seite kommen. Halten Sie Ihn dann an, mit der rechten Hüfte das Target-Objekt zu berühren. Sie müssen das Target-Objekt hinter Ihrem Rücken halten. Für den Hund ist es eine große Hilfe, wenn er zunächst nur eine minimale Bewegung in Richtung Ziel-Objekt machen muss. Belohnen Sie ihn, für den Hüftkontakt am Target. Wiederholen Sie dann die Übung und lassen Sie ihn ein paar Zentimeter mehr rückwärts zurücklegen.

Verfahren Sie nach diesem Schema weiter, bis er schließlich eine volle Runde rückwärts um Sie herum gegangen ist.

Übungsvarianten

Wenn Ihr Hund zunächst gelernt hat, Ihre geschlossenen Beine rückwärts zu umrunden, können Sie eine nette Abwandlung einführen, indem Sie ihn dann jeweils nur um ein Bein – wahlweise das rechte oder linke – drehen lassen.

Wenn der Hund die Übung gut beherrscht, kann man mehr Verleitungen einführen, indem man sich selbst dreht, während der Hund einen rückwärts umrundet. Das sieht besonders interessant aus, wenn man sich entgegen der Laufrichtung des Hundes dreht.

Bringen Sie dem Hund das Rückwärtsumrunden in die andere Richtung bei.

Suchen Sie sich andere Objekte, die Sie von Ihrem Hund rückwärts umrunden lassen, beispielsweise einen Laternenpfahl.

Kombinieren Sie die Übung „Circle" mit „Apport" und lassen Sie den Hund einen ihm gut vertrauten Gegenstand rückwärts um Sie herum tragen.

Für absolute Könner gibt es eine tolle Variante: Lassen Sie den Hund mit dem Kommando „Zurück" rückwärts zu einem Objekt gehen (Achtung: der Hund sollte nicht anstoßen!). Wenn er seitlich neben dem Objekt angekommen ist, weisen Sie ihn an, diesen Gegenstand rückwärts zu umrunden.

39 Rückwärtsgehen durch die Beine des Besitzers

Eine sehr eindrucksvolle Übung aus dem Dogdance ist das Rückwärtsgehen durch die Beine des Besitzers. Anders als beim Rückwärtsslalom soll der Hund hier gerade rückwärts laufen.

Lassen Sie Ihren Hund „Sitz" machen und stellen Sie sich mit gegrätschten Beinen dicht hinter ihn. „Schieben" Sie ihn nun mit einer Belohnung vor der Schnauze zwischen Ihren Beinen durch.

Tipp
Wenn der Hund das Kommando „Zurück" schon gut kennt, kann man es hier zunächst als Hilfe einsetzen.

Wenn Sie den Hund durch Ihre Beine hindurch „geschoben" haben, schließen Sie schnell die Beine und belohnen ihn in der Grundstellung. Dies erleichtert dem Hund das Verständnis, dass er sich bewegen muss.

Führen Sie das Kommando (z. B. „Grätsche") für diese Übung erst ein, wenn der Hund den Bewegungsablauf schon gut beherrscht. Auf diese Weise vermeiden Sie Fehler im Übungsaufbau.

Übungsvarianten

Versuchen Sie, nach und nach etwas mehr räumliche Distanz zwischen sich und den Hund zu bringen. Achten Sie darauf, so zu stehen, dass der Hund bei dem Versuch, zwischen Ihren Beinen hindurch zu kommen, nicht gegen Ihre Beine stößt. Gleichen Sie notfalls Ihre Position an. Das ist wichtig, damit Ihr Hund nicht unnötig erschrickt, was sein Vertrauen erschüttern könnte.

Eine anspruchsvolle Variante ist, den Hund aus der frontalen Position heraus starten zu lassen, sodass er zunächst eine halbe Wendung vollführen muss. Unterstützen Sie ihn, indem Sie anfangs seinen Kopf ein wenig von sich weglenken und ihm erst dann das Kommando „Grätsche" geben. Wenn dies gut gelingt, können Sie für die Wendung ein zusätzliches Signal einführen. Dies kann ein Sichtzeichen oder Sprachkommando (z. B. „Wenden") sein.

Die Kombination „Wenden" und „Grätsche" können Sie zusätzlich erschweren, indem Sie den

Hund zunächst mit „Zurück" von sich wegschicken und ihn dann in einiger Entfernung die Übungen „Wenden" und „Grätsche" machen lassen.

40 „Peng"

Dem Hund beizubringen sich auf die Seite zu legen, ist eine Übung, die man auch im Alltag gut nutzen kann, wenn man etwa die Pfoten kontrollieren, ihm an der Unterseite einen Fremdkörper aus dem Fell holen oder den Hund abtrocknen möchte etc.

So können Sie dem Hund das Kommando „Peng" beibringen: Lassen Sie den Hund in einer gemütlichen Haltung liegen, bei der er eines der Hinterbeine untergeschlagen hat, (eventuell mit dem Kommando „Platz"). Reizen Sie ihn nur kurz mit einem Leckerchen an und ziehen sie dieses erst seitlich, dann entlang der Seite des Hundes und schließlich quer über den Rücken vor seiner Nase her. Achten Sie darauf, diese Bewegung so langsam zu machen, dass der Hund die Nase die ganze Zeit über am Leckerchen behalten kann.

Viele Hunde lassen sich auf die Seite fallen, sobald sie sich zu sehr verrenken müssen, wenn man das Leckerchen über den Rücken bis auf die andere Seite zieht. Sagen Sie genau in diesem Moment „Peng" und geben Sie dem Hund das Leckerchen, während er seitlich flach auf dem Boden liegt.

Alternativ zu dieser Beschreibung kann man „Peng" auch sehr gut mit dem Clicker über das freie Formen oder halb-gelockt trainieren.

Übungsvarianten

Üben Sie mit Ihrem Hund, „Peng" besonders schnell auszuführen, denn das ist sehr effektvoll.

Halten Sie Ihren Hund in der Position „Peng" zur Ruhe an, indem Sie „Peng" und „Bleib" kombinieren. Üben Sie dies jedoch nicht unter zu starker Ablenkung und vor allem nicht, wenn andere freilaufende Hunde anwesend sind, denn in dieser Position kann der Hund nicht in ausreichender Form mit den Artgenossen kommunizieren.

Belegen Sie das seitliche Liegen auf der rechten und linken Seite mit unterschiedlichen Kommandos (z. B. „Peng" und „Schlafen").

Üben Sie „Peng" aus der Bewegung des Fußlaufens heraus, während Sie selbst weitergehen.

Trainieren Sie mit dem Hund „Peng" auf Entfernung. Setzen Sie hierzu zum Beispiel das Kommando „Bleib" ein oder nehmen Sie einen Nasen-Target als Hilfsmittel, um Distanz zu schaffen.

41 „Rücken"

Diese Übung ist eine abgewandelte Form der Übung „Peng".

Hierbei soll der Hund nicht auf der Seite, sondern auf dem Rücken zum Liegen kommen und in dieser Position verharren.

Achtung
Auf dem Rücken zu liegen ist nicht jedem Hund angenehm. Nehmen

Sie Rücksicht, wenn sich Ihr Hund sträubt. Besonders große, schwere Hunde oder solche, die Probleme mit der Wirbelsäule oder andere Probleme mit dem Bewegungsapparat haben, tun sich oftmals schwer und sollten diese Übung dann nicht unbedingt ausführen müssen.

Der Übungsaufbau ist einfach: Locken Sie Ihren Hund, wenn er sich gerade auf die Seite fallen lässt, mit dem Leckerchen noch weiter, bis er auf dem Rücken liegt. Geben Sie ihm genau in diesem Moment das Kommando „Rücken" und belohnen Sie ihn.

Tipp
„Peng" und „Rücken" zu unterscheiden ist für den Hund schwer, denn es sind sehr ähnliche Übungen, die sich nur in einem Detail unterscheiden. Üben Sie „Peng" und „Rücken" deshalb immer zeitlich klar voneinander getrennt. Sinnvoll ist es außerdem, erst eine der Übungen sauber aufzubauen und mit der anderen erst zu beginnen, wenn die erste schon beherrscht wird.

Übungsvarianten

Auch „Rücken" kann man auf Geschwindigkeit trainieren. Achten Sie darauf, dass der Untergrund für den Hund angenehm ist!

„Rücken" und „Bleib" zu kombinieren ist recht anspruchsvoll. Mit dem Hund eine kurze Zeit der

Ruhe zu trainieren lohnt sich aber, um das Kommando zu festigen.

42 „Rollen"

Aus der Position „Peng" oder „Rücken" eine ganze Rolle zu erarbeiten ist eine Leichtigkeit. Im Übungsaufbau können hier wahlweise Leckerchen oder Spielzeug eingesetzt werden.

Locken Sie Ihren Hund in die gewünschte Position. Achten Sie darauf, dass Sie den Moment der Drehung über den Rücken unter ausreichender Spannung halten, damit der Hund genug Schwung bekommt. Belohnen Sie ihn in der von Ihnen definierten Endposition, wenn er nach der Rolle auf der anderen Seite liegt oder wieder steht.

Achtung
Üben Sie dieses Kunststück nicht, wenn Ihr Hund vorher gefressen hat, sonst steigt die Gefahr einer Magendrehung!

Übungsvarianten

Üben Sie das „Rollen" in beide Richtungen. Arbeiten Sie hierbei mit deutlichen Sichtzeichen oder mit einem neuen Sprachkommando, beispielsweise „Kullern", damit Ihr Hund lernt beide Richtungen voneinander zu unterscheiden.

Verlangen Sie „Rollen" oder „Kullern" mehrmals hintereinander. Belohnen Sie den Hund anfangs nach zwei Rollen und später in unregelmäßigen Intervallen.

Rollen in einer Wiese – das pure Vergnügen.

Üben Sie „Rollen" oder „Kullern" nicht nur während Sie frontal zum Hund stehen, sondern auch aus einer seitlichen oder parallelen Ausgangsposition.

Lassen Sie den Hund „Fuß" laufen, halten Sie an und verlangen Sie „Rollen" oder „Kullern" von ihm.

Trainieren Sie „Rollen" oder „Kullern" auf Distanz.

Verlangen Sie „Rollen" oder „Kullern" aus der Bewegung des Fußlaufens, während Sie selbst weitergehen.

Verlangen Sie „Rollen" oder „Kullern" vom Hund, wenn er sich neben Ihnen in der Grundposition befindet. Wenn der Hund hierbei auf Sie zurollt, können Sie, um die Übung besonders schön aussehen zu lassen und um selbst auch ein wenig mitzuturnen, Ihr dem Hund zugewandtes Bein, während dieser die Rolle vollführt, mit einem seitlichen Schritt über ihn hinüber absetzen. Damit ist die

99

Endposition des Hundes unter Ihnen zwischen Ihren Beinen. Achtung: Diese Übung ist für das Tier recht bedrohlich und deshalb nicht für jeden Hund geeignet!

Diese Übung können Sie auch anders herum machen, und zwar indem Sie den Hund erst „Mitte" machen lassen und in dieser Position „Rollen" oder „Kullern" von ihm verlangen. Hierbei müssen Sie Ihr Bein ebenfalls hochnehmen, damit der Hund seitlich neben Sie rollen kann.

Lassen Sie den Hund auf einer Decke „Peng" machen und weisen Sie ihn an, den Zipfel der Decke mit der Schnauze zu fassen („Halten" oder „Apport"). Verlangen Sie dann von ihm „Rollen" oder „Kullern", sodass er sich mit der Decke zudeckt.

Wenn die ganze Übung in einem flüssigen Ablauf gelingt, können Sie für diese komplexe Handlung auch ein eigenes neues Kommando („Gute Nacht") einführen. Als Hilfe kann man anfangs am Deckenzipfel, den der Hund zum Zudecken festhalten muss, ein Spielzeug befestigen; dann ist es für ihn nicht so schwierig die Decke im Liegen aufzunehmen.

43 „Kriechen"

Um dem Hund das „Kriechen" zu vermitteln, können Sie folgendermaßen vorgehen: Lassen Sie den Hund „Platz" machen und halten Sie seine Belohnung, die im Übungsaufbau zum Locken verwendet wird, nah am Boden. Ziehen Sie diese nun langsam vor dem Hund weg und geben Sie ihm

gleichzeitig das o.k., ihr hinterherkriechen zu dürfen.

Achtung
Viele große Hunde finden an „Kriechen" nicht viel Gefallen. Nehmen Sie hierauf Rücksicht. Diese Haltung ist sehr anstrengend. Verlangen Sie die Übung nicht von Hunden mit Problemen im Bewegungsapparat!

Lassen Sie den Hund je nach Größe anfangs nur ca. einen halben Meter kriechen. Führen Sie das Kommando ein, sobald Sie eine erste Verknüpfung beim Hund erkennen können. Beginnen Sie dann die Hilfe mit dem Locken langsam abzubauen.

Tipp
Wenn sich der Hund scheut, das Kommando „Platz" zu unterbrechen und sich von dort weg zu bewegen, starten Sie ohne Kommando in die Übung, indem Sie mit dem Hund spielen und im Spiel einen Moment abpassen, in dem der Hund liegt.

Um zu erreichen, dass der Hund später auch einige Meter kriechen kann, ist folgendes Vorgehen sinnvoll:

Hocken Sie sich hin (je nach Hundegröße reicht es auch sich zu knien) und grätschen Sie die Beine, während Ihr Hund dicht vor Ihnen liegt. Verlangen Sie nun „Kriechen". Dabei stellen Sie ihm die Belohnung – gut geeignet ist hierfür ein Spielzeug an einer Kordel – hinter Ihrem Rücken zwischen

Ihren Beinen in Aussicht. Auf diese Weise muss der Hund unter Ihnen hindurchkriechen, um an die Belohnung zu kommen.

Erschweren Sie die Übung dann über zwei Wege: Bauen Sie mehr Distanz auf, indem Sie sich immer ein klein wenig weiter entfernt hinhocken. Versuchen Sie auch, baldmöglichst Ihre Hilfestellung (die Hocke) langsam abzubauen. Stellen Sie sich anfangs aber noch mit gegrätschten Beinen auf, um dem Hund die Übung deutlich zu machen. Lassen Sie den Hund am Schluss ohne weitere Hilfe auf Sie zukriechen.

Tipp
Wenn Sie einen großen Hund haben, der statt flach zu kriechen anbietet, in der Haltung „Diener" vorzurobben, ist das eine ansprechende Übungsvariante, die für ihn anatomisch einfacher zu bewerkstelligen ist.

Übungsvarianten

Lassen Sie den Hund von sich wegkriechen. Als Hilfestellung kann man eine andere Person bitten, sich wie im oben beschriebenen Übungsaufbau mit einer Belohnung und in gegrätschter Haltung hinzuhocken. Das Kommando „Kriechen" kann mit „Voraus" kombiniert werden und sollte von Ihnen gegeben werden. Die Hilfsperson dient hier eigentlich nur zu Orientierungszwecken.

Lassen Sie den Hund zu einem nicht sehr weit entfernt liegenden Objekt kriechen. Dort soll er das Objekt möglichst im Liegen aufnehmen und zu Ihnen zurückgekrochen kommen.

Bauen Sie in Anlehnung an ein Krocket-Spiel einen kleinen Parcours mit Hürden, unter denen der Hund durchkriechen soll. Eine sichere Führigkeit auf Distanz und ein gutes Beherrschen der Richtungsanweisungen zahlt sich hier aus. Diese Übung kann auch als toller Wettkampf mit mehreren Hunden abgehalten werden.

44 „Diener"

In der Position „Diener" soll der Hund das Hinterteil in die Luft strecken und die Vorderläufe auf den Ellenbogen abgestützt auf dem Boden haben. Diese Haltung nehmen Hunde oft von alleine ein, beispielsweise wenn sie sich nach vorne strecken oder zum Spiel auffordern. Zeigt der Hund dieses Verhalten, kann man es spontan clicken.

Selbstverständlich kann man zusätzlich auch eine leichte Hilfestellung geben, wenn einem der Weg, das spontane Verhalten zu verstärken, zu langwierig erscheint.

Übungsaufbau mit Locken und Clicker: Wenn Sie schon beobachtet haben, dass Ihr Hund in einer Spielsituation die gewünschte Position einnimmt, können Sie ihn im Spiel verleiten die Vorderkörpertiefstellung zu zeigen, indem Sie sein Lieblingsspielzeug einen Moment lang nah beim Hund am Boden festhalten. Clicken Sie, sobald der Hund die gewünschte Position einnimmt.

Wenn dies ein paar Mal geklappt hat, verlängern Sie die Dauer, in der

Wenn körperliche Hilfen eingesetzt werden, soll sich der Hund nicht bedroht fühlen.

der Hund in dieser Haltung verharren soll, und führen ein Kommando (z. B. „Diener") ein. Bauen Sie im nächsten Schritt die Hilfe insoweit ab, dass Sie selbst stehen bleiben und das Spielzeug mit dem Fuß am Boden festhalten. Später lassen Sie dann auch das Spielzeug weg.

Übungsaufbau ohne Clicker: Wenn Sie nicht mit dem Clicker arbeiten, kann es sein, dass es Probleme mit dem Timing der Belohnung gibt, wenn Sie den Hund im Spielen in die gewünschte Position locken. Oft ist dann folgende Variante für den Hund leichter zu verstehen: Halten Sie mit einer Hand eine in Aussicht gestellte Belohnung am Boden fest und verleiten Sie den Hund, daran zu kommen. Halten Sie die andere Hand unter den Bauch des Hundes, um zu verhindern, dass er sich beim Versuch, die Belohnung zu ergattern, legt. Sobald er für einen kurzen Moment die richtige Haltung einnimmt, geben Sie ihm das Kommando „Diener" und danach die Belohnung.

Bauen Sie nach ein paar solcher gelockter Übungen die Hilfe mit der Unterstützungshand unter dem Bauch und dem Lockleckerchen oder Spielzeug am Boden ab. Um eine noch bessere Festigung der Übung zu erreichen, setzen Sie später den Anspruch immer weiter hoch, indem Sie selbst nicht mehr zur Hilfe in die Hocke gehen.

Übungsvarianten

Kombinieren Sie „Diener" mit „Bleib". Halten Sie aber die Zeiten kurz, denn diese Position ist auf Dauer unbequem.

Lassen Sie Ihren Hund in der Position „Diener" etwas in der Schnauze halten, indem Sie das „Halten" aus der „Apport"-Übung mit „Diener" kombinieren.

Kombinieren Sie „Diener" mit „Kriechen".

Aus den Übungen „Diener", „Kriechen" und „Apport" kann man eine sehr komplexe Übung zusammenstellen!

45 Vogel Strauß

Voraussetzung für diese Übung ist, dass der Hund bereits die Übung „Diener" beherrscht. Er soll nun zusätzlich zu der Position „Diener" seinen Kopf unter einer Decke oder einem Kissen verstecken. Dies kann man ihm entweder über die Lock-Methode oder mittels eines Nasen-Targets vermitteln. Halten Sie die in Aussicht gestellte Belohnung oder das Target-Objekt unter einer Decke versteckt. Ermuntern Sie nun Ihren Hund, seine Nase unter die Decke zu stecken. Belohnen Sie ihn im entsprechenden Moment bzw. clicken Sie, so-

bald er seine Nase unter die Decke steckt und belohnen Sie ihn dann.

Tipp
Für den Anfang ist es sinnvoll, wenn man die Decke leicht aufgewölbt hinlegt, sodass der Hund mit seiner Nase ohne Probleme den Einstieg unter die Decke findet.

Sobald Ihr Hund Sicherheit gewonnen hat, was er mit seiner Nase tun soll, können Sie ihn zunächst mit „Diener" in die gewünschte Position dirigieren und ihn dann die Deckenübung machen lassen. Wenn er die Übung verstanden hat, können Sie das Kommando „Diener" in dieser Übungsvariante gegen ein anderes Kommando (z. B. „Vogel Strauß") austauschen.

46 „Tanzen" und „Auf"

Bei „Auf" und „Tanzen" handelt es sich um zwei recht ähnliche Übungen. In beiden Fällen soll der Hund auf seinen Hinterfüßen mit aufgerichteter Wirbelsäule stehen. Bei der Übung „Auf" soll er die Vorderpfoten beispielsweise am Körper seines Besitzers abstützen, bei der Variante „Tanzen" soll er frei stehen.

Achtung
Der Übungsaufbau bereitet einem gesunden Hund selten Probleme. Für Hunde mit Problemen im Bewegungsapparat ist diese Übung jedoch nicht geeignet!

Mit dem Target-Stab gelingt diese Übung auch schon auf Distanz.

Verleiten Sie den Hund sich aufzustellen, indem Sie ihn mit einer Belohnung locken. Achten Sie darauf, dass er gut die Balance halten kann. Halten Sie die Übung zunächst kurz und führen Sie das Kommando ein, sobald Sie den Ansatz erkennen können, dass der Hund sich aufrichten wird.

Tipp
Entscheiden Sie sich zunächst für eine der beiden Übungsvarianten. Trainieren Sie diese über mehrere Tage verteilt, bis der Hund eine sichere Verknüpfung mit der Übung

hergestellt hat. Sonst kann es passieren, dass der Hund Probleme hat, „Tanzen" und „Auf" zu unterscheiden.

Übungsvarianten

Versuchen Sie, mit dem Hund, der sich bei „Auf" an Ihnen abstützt, ein paar Schritte zu laufen. Wenn Sie selbst zunächst rückwärts gehen, ist es für den Hund einfacher.

Lassen Sie den Hund zum Beispiel an einem Stuhl „Auf" machen.

Üben Sie „Auf" in Kombination mit „Zurück", indem Sie geradeaus laufen und Ihr Hund entsprechend rückwärts gehen muss.

Drehen Sie sich um die eigene Achse, während Ihr Hund unter dem Kommando „Auf" an Ihnen hochsteht. Der Hund muss hierbei eine gute Balance behalten, denn er muss sich immer neu an Ihnen abstützen oder in kleinen Schritten mitdrehen.

Vermitteln Sie Ihrem Hund, dass er „Auf" auch an Ihrer Rückseite machen kann. Spielbegeisterte Hunde kann man hierzu leicht verleiten, indem man sich ein Spielzeug an einem Seil über die Schulter hängt. Diese Übung entspricht der Übung 28 „Polonaise".

Üben Sie unter dem Kommando „Tanzen", mit dem Hund auf zwei Beinen eine kurze Strecke vorwärts zu laufen.

Noch schwieriger ist es, den Hund in der Position „Tanzen"
einige Schritte rückwärts laufen zu lassen.

Verlangen Sie von Ihrem Hund in der Position „Tanzen" die Übung „Drehen". Als Hilfe kann man hier im Übungsaufbau wunderbar den Target-Stab (Nasen-Target) einsetzen.

Geschickte Springer mit geringer Körpermasse können schadlos in dieser Position auch einen kleinen Sprung auf zwei Beinen machen. Diese Übung kann besonders effizient mit dem Clicker trainiert werden. Verleiten Sie den Hund zu diesem Sprung ruhig, indem Sie das Kommando „Hopp" einsetzen und ihm eine besondere Belohnung etwas höher als seine Nase anbieten.

Lassen Sie den Hund „Auf" an einem Wägelchen machen, das er dann schieben kann. Gestalten Sie die Übung anfangs nicht zu schwierig. Der Hund soll sich seiner Sache immer sicher sein.

47 „Männchen"

Das Männchenmachen ist eine althergebrachte Übung. Besonders bei kleinen Hunden ist sie beliebt. Große Hunde und Hunde mit einem langen Rücken tun sich damit oft schwer.

Der Hund soll aus dem Sitzen heraus die Vorderpfoten vom Boden wegnehmen und in die Luft halten. Dies kann er entweder mit nach oben gestreckten Pfoten tun (vgl. Übung 22 „Bitte") oder wie ein aufrecht sitzendes Häschen.

Locken Sie den Hund in diese Position, indem Sie ihm aus dem „Sitz" heraus nur leicht oberhalb der Schnauze etwas Tolles anbieten. Schieben Sie diese Belohnung ein klein wenig nach hinten über den Kopf des Hundes. Achten Sie darauf, dass der Hund nicht aufsteht. Belohnen Sie ihn sofort, wenn er die Vorderfüße vom Boden abhebt und sich sitzend aufrichtet.

Führen Sie ein Kommando ein (z. B. „Männchen"), wenn er schon weiß, was zu tun ist. Trainieren Sie dann an der Übungskonstanz, sodass der Hund am Schluss einige Sekunden ruhig so sitzen kann.

Übungsvarianten

Diese Übung können Sie auch abgewandelt trainieren, indem Sie dem Hund gestatten, sich an der Hand abzustützen, in der Sie die Belohnung halten.

Führen Sie Ablenkungen ein, sobald der Hund die Grundübung verstanden hat und lassen Sie ihn in der Position „Männchen" sitzen, während Sie ihn einmal umrunden o.Ä.

Lassen Sie den Hund „Männchen" machen und werfen Sie ihm ein Leckerchen zu, das er aus der Luft schnappen soll. Bei einem guten Wurf muss er seine Position für das Auffangen nicht verlassen.

Sie können für eine unterschiedliche Pfotenhaltung auch unterschiedliche Kommandos einführen. Ein nettes Kommando für das Hochstrecken der Pfoten in die Luft ist: „Hast Du saubere Füße?" Im Training ist auf ein präzises Timing zu achten, wenn man Wert auf eine bestimmte Pfotenhaltung in dieser Übung legt (vgl. Übung 21).

Mit der Target-Konditionierung oder mittels Shaping kann man den Hund auch daran führen, die Vorderpfoten beim Männchenmachen ganz dicht beieinander zu halten. Diese Variante erfordert vom Hund ein hohes Maß an Geschicklichkeit und ein sehr gutes Timing beim Hundeführer.

48 Partystimmung?!

Bringen Sie Ihrem Hund bei, auf Kommando zu wedeln! Dies ist eine einfache und lustige Übung, die etwaige Zuschauer in Staunen versetzen wird.

Warten Sie auf einen Moment, in dem Ihr Hund auf Sie konzentriert ist und ruhig dasteht. Schenken Sie ihm zunächst keine weitere Beachtung. Sagen Sie dann plötzlich Ihr Kommando, zum Beispiel: „Bist Du in Partystimmung?", und wenden Sie sich dann dem Hund zu. Reizen Sie ihn gegebenenfalls zusätzlich mit einem sehr schmackhaften Leckerchen oder seinem Lieblingsspielzeug, bis Sie ihm ein Wedeln entlocken konnten. Loben oder belohnen Sie ihn dann ganz ausgiebig.

Tipp

Mit dieser Übung kann man das Training gegebenenfalls auch einmal auflockern, wenn der Hund mangelhaft motiviert sein sollte. Gönnen Sie ihm nach der gelungenen Partystimmungsübung eine Pause im Training und starten Sie dann die misslungene Übung, die Ihren Hund demotiviert hat, zu einem späteren Zeitpunkt ohne Missmut noch einmal ganz neu.

49 Hochschauen

Eine reine Spaß-Übung ist es, dem
Hund das Hochschauen zum Himmel
beizubringen. Wenn der Hund gelernt
hat, auf Kommando hochzuschauen,
kann man eine kleine Aufführung machen. Als Kommando können Sie
dann zum Beispiel fragen: „Wie wird
denn heute das Wetter?"

Ein sehr guter Übungsaufbau
ist hier über das Target-Training möglich. Bringen Sie dem Hund
zunächst bei, das Target-Objekt mit
dem Blick zu fixieren. Sobald er das
beherrscht, halten Sie ihm das Zielobjekt so hin, dass er die gewünschte
Körperhaltung einnimmt. Belohnen Sie
ihn über einen langen Zeitraum jedes
Mal dafür. Achten Sie darauf, dass der
Hund bei dieser Übung möglichst immer die gleiche Bewegung macht. Der
Hund hat es dann später leichter,
wenn das Zielobjekt als Hilfe langsam
abgebaut wird. Führen Sie das Kommando ein, wenn der Hund schon
eine gewisse Sicherheit in dieser
Übung an den Tag legt.

50 „Gib Küsschen"

Nicht jedermanns Sache, aber ein einfach zu trainierender Partygag ist das
Küsschen-Geben.

Einen besonders leichten Start in die
Übung hat man auch hier, wenn man
sich der Target-Methode bedient. In
diesem Fall soll der Hund das Target-
Objekt wahlweise antippen oder le-
cken. Wenn Sie das Antippen als
Küsschen aufbauen möchten, sollten
Sie die Übung splitten und zunächst

das Antippen des Target-Objektes
üben (Übungsaufbau s. Seite 46 f.).
Sobald dies gut klappt, können Sie
dazu übergehen, sich oder der Person,
die er „küssen" soll, das Zielobjekt an
die Wange zu halten und die Antip-
pen-Übung vom Hund zu verlangen.
Führen Sie ein eigenes Kommando für
diese Übung ein, indem Sie zunächst
beide Kommandos („Gib Küsschen"
und „Tippen") kombinieren. Schleichen Sie dann schrittweise das alte
Kommando und das Target-Objekt als
Hilfen aus.

Einen direkteren Übungsaufbau haben Sie, wenn Sie den Hund beispielsweise mittels eines kleinen Leber-
wurstkleckses, den Sie sich auf die
Wange schmieren, dazu animieren,
über die Wange zu lecken. Auch dieses Verhalten gilt es dann auf Befehl
zu setzen und schrittweise die Leber-
wursthilfe abzubauen.

51 Flüstern

Eine nette Abwandlung der Küsschen-
Übung ist das Flüstern. Hierbei soll der
Hund mit der Nase das Ohr des Besitzers berühren und dort einen Moment
verharren.

Auch hier ist der Trainingsaufbau besonders leicht, wenn
der Hund bereits gelernt hat, einen
Target-Stab mit der Nase zu berühren.
Dehnen Sie dann schrittweise die Zeit
aus, die der Hund seine Nase an Ihrem Ohr belassen soll, und bauen Sie
gleichzeitig die Hilfe mit dem Target-
Stab ab. Ein lustiges Kommando für
eine kleine Vorführung ist: „Dann
sag's mir halt ins Ohr". Nachdem Ihr

Welches Geheimnis wird hier wohl preisgegeben?

Hund Ihnen „etwas ins Ohr gesagt hat", bleibt es Ihnen überlassen, was auch immer Sie dann den umstehenden Menschen wiedergeben.

52 Räuber und Gendarm

Eine recht anspruchsvolle Übung, die man zu einer kleinen „Versteckspiel-Vorführung" nutzen kann, ist folgende: Bringen Sie Ihrem Hund bei, an einem Mäuerchen oder einem Zaun in der Position „Auf", also mit den Vorderpfoten abgestützt, aufrecht zu stehen. In dieser Übung soll er dann zusätzlich die Schnauze bzw. den Kopf zwischen die Vorderpfoten nehmen, so als ob er sich hinter dem Mäuerchen verstecken wollte.

Das erreichen Sie im Übungsaufbau leicht, indem Sie ihm, wenn er „Auf" macht, von unten eine Belohnung zwischen die Pfoten halten. Alternativ können Sie auch hier das Target-Training nutzen. Diesmal soll der Hund das Target-Objekt aber nicht nur antippen, sondern die Nase einen kleinen Moment am Zielobjekt lassen. Setzen Sie als Kommando z. B. „Geh zählen" ein. Sobald Ihr Hund dies gut beherrscht, können Sie die Übung so festigen, dass Ihr Hund in dieser Position auch stehen bleibt, während Sie sich von ihm entfernen.

Wenn dies problemlos gelingt, können Sie eine kleine Vorführung machen, in der Sie Ihren Hund wie beim Räuber- und Gendarm-Spiel „zählen" lassen, während Sie sich verstecken. Anschließend soll Ihr Hund Sie suchen. Als Start für die Suche können Sie ein subtil gegebenes Rückruf-Kommando einsetzen.

Übungsvarianten

Die Übung, die der Hund beim Räuber- und Gendarm-Spiel macht, nämlich in der aufrechten Position abgestützt einmal den Kopf zwischen die Pfoten abzusenken und dann wieder nach oben zu schauen, können Sie auch als eigenständige Übung vom Hund verlangen. Lassen Sie den Hund beispielsweise an einem Stock oder Schirm, den Sie quer vor Ihrem Körper halten, so aufstehen, dass er Ihnen mit dem Rücken zugewandt ist. Wenn er nun mit den Vorderpfoten am Stock abgestützt steht, kann er über das „Geh zählen"-Kommando einmal unter dem Stock durchschauen und dann als Abwandlung sofort danach wieder über den Stock schauen. Nach Belieben können Sie für diese Übungsvariante natürlich auch ein eigenes Kommando (z. B. „War was?") einführen.

Das Räuber- und Gendarm-Spiel kann auch anders herum gespielt werden, indem sich Ihr Hund versteckt und Sie ihn dann suchen. Auch dieses Spiel hat eine große Publikumswirkung. Besonders leicht fällt dem Hund diese Übung, wenn er bereits ein Kommando für das Richtungsschicken bzw. den Befehl „Auf den Platz" kennt. Üben Sie mit ihm zunächst, einen Platz außerhalb Ihrer Sichtweite – etwa hinter einer Wand – aufzusuchen und dort zu bleiben. Anfangs können Sie das dem Hund schon bekannte Kommando einsetzen und es nach und nach zum Beispiel gegen „Eins", „Zwei", „Drei" austauschen, indem Sie zunächst beide Kommandos benutzen und dann schrittweise ganz zum neuen Kommando übergehen. Diese Übung muss so gut gefestigt werden, dass Ihr Hund hinter der Wand verborgen einige Zeit zuverlässig verharrt.

Wahlweise können Sie an dieser Stelle noch einen Gag einbauen, indem Sie den Hund ab und zu hinter der Wand hervorlugen lassen (vgl. Übung 37). Das lernt er, wenn Sie ihn eng an der Wand „Bleib" machen lassen und ihn dann mit einem Leckerchen verleiten, einmal kurz um die Wand herumzulugen. Die Belohnung bekommt er hier aber nicht vor der Wand, sondern erst, wenn er den Kopf wieder bis hinter die Wand zurückgenommen hat, denn schließlich soll es später so aussehen, als ob er nur kurz gespickt hat und sich dann sofort wieder versteckt.

Die Vorführung kann dann so aussehen, dass Sie mit „Eins", „Zwei",

„Räuber und Gendarm" können Sie auch auf dem Trainingsplatz üben.

„Drei" anfangen zu zählen, was für den Hund das Signal ist, sich schnell zu verstecken. Danach tun Sie so, als ob Sie den Hund suchen, bis Sie ihn schließlich finden. Wenn Sie das Hervorlugen mit einbauen möchten, sollten Sie diese Übung auch auf Kommando setzen, damit Sie in der Vorführung steuern können, wann der Hund spickt. Als Kommando ist hier zum Beispiel „Gleich finde ich Dich" sehr geeignet, weil man es unauffällig beim Suchen einsetzen kann und das Publikum gar nicht merkt, dass man dem Hund ein Kommando gegeben hat. Sollte Ihr Hund aus der Übung 37 das Hervorlugen schon kennen und diese vielleicht schon unter einem anderen Kommandowort beherrschen,

kann man ihm in aller Regel ohne große Mühe die gleiche Handlung auch noch auf ein anderes Signal hin beibringen.

Geschicklichkeit

Körperliche Geschicklichkeit zu schulen ist eine wertvolle Aufgabe. Ganz besonders gilt dies für unsichere Hunde. Alle Gliedmaßen immer unter Kontrolle zu haben, sie zielgerichtet und erfolgreich einzusetzen vermittelt Selbstvertrauen. Aber auch für alle „mutigen" Hunde ist die Schulung der Geschicklichkeit sinnvoll, denn sie lernen, dass zu unkonzentriertes, hastiges und unsauberes Arbeiten zu einem Misserfolg führt.

Geschicklichkeit mit den Pfoten

Für die Förderung der Geschicklichkeit Ihres Hundes mit seinen Pfoten gibt es zahlreiche Übungen.

Übungsvarianten

Bringen Sie Ihrem Hund bei, auf einem Holzsteg zu laufen. Achten Sie darauf, dass der Hund seine Aufgabe langsam und mit Ruhe angeht. Scheut er sich, üben Sie am besten zunächst „trocken", indem Sie ein Brett auf den Boden legen. Belohnen Sie jeden Schritt, bis er darauf ohne Scheu laufen kann. Legen Sie dann nach und nach beispielsweise Ziegelsteine unter das Brett, um es zu erhöhen. Achten Sie in dieser Übung immer auf die Sicherheit! Bauen Sie die Übung langsam auf, ohne dass Ihr Hund seitlich abspringt.

Lassen Sie Ihren Hund draußen über einen breiten Baumstamm balancieren.

Überzeugen Sie Ihren Hund davon, dass es Spaß macht, große Steine im Park zu erklimmen.

Konditionieren Sie die Übung Pfotentarget (s. Seite 43 f.). Lassen Sie Ihren Hund mit den Vorderpfoten z.B. eine Fliegenklatsche als Target-Objekt berühren. Setzen Sie diese Handlung dann auf Kommando (vgl. Seite 46).

Führen Sie Ihren Hund in aller Ruhe durch einen kleinen Parcours aus Holzstangen, Brettern oder alten Autoreifen. Lassen Sie ihn ruhig auch über diese Objekte steigen.

Lassen Sie Ihren Hund auf ein Kinderkippelkissen steigen. Diese Übung ist für große Hunde besonders schwierig.

Legen Sie eine Sprossenleiter auf zwei Böcken kippsicher auf und lassen Sie den Hund langsam darüberlaufen.

Verleiten Sie Ihren Hund, über eine kleine Hängebrücke aus Holz zu laufen.

Konditionieren Sie Ihren Hund darauf, mit den Hinterpfoten ein bestimmtes Target-Objekt, etwa eine zusammengerollte Zeitschrift, zu berühren. Führen Sie ein Kommando ein, wenn Ihr Hund die Übung gut beherrscht.

Führen Sie Ihren Hund über einen Gitterrost. Diese Übung ist bei vielen Hunden zunächst nicht sehr beliebt. Als Trainingsmethode bietet sich hier das freie Formen mit dem Clicker an (s. Seite 40).

Trainieren Sie mit Ihrem Hund, mit allen vier Füßen auf unterschiedlich hohe Holzklötze zu steigen. Achtung! Die Holzklötze dürfen für den fortgeschrittenen Hund sogar wackeln, müssen aber hundertprozentig kippsicher sein!

Basteln Sie eine Hängebrücke mit dicken Gummischläuchen als Sprossen, die an einem Holzrahmen befestigt sind. Achten Sie darauf, dass die Sprossen nicht zu viel Bewegungsspielraum bieten.

Lassen Sie Ihren Hund über eine Wippe laufen. Achten Sie darauf, dass er den Kipppunkt der Wippe mit seinem Körper gut austariert, damit die Wippe nicht zu plötzlich umschlägt. Geben Sie anfangs Hilfestellung, indem Sie das Wippbrett festhalten und sachte absenken. Bauen Sie die Übung langsam in kleinen Schritten auf.

Eine Übung für nicht allzu große Hunde mit großem körperlichen Geschick ist das Skateboardfahren. Diese Übung kann man sehr gut als freies Formen mit dem Hund trainieren. Zergliedern Sie die Übung in Einzelschritte. Verstärken Sie zunächst das Interesse am Rollbrett. Fördern Sie dann die Angebote vom Hund, eine, zwei, drei und vier Pfoten auf das Skateboard zu setzen und ggf. als Krönung auch sein Angebot, sich selbst abzustoßen. Manchen Hunden fällt das mit einer Vorderpfote besonders leicht. Achten Sie in dieser Übung auf die Sicherheit Ihres Hundes und verhindern Sie ein Umschlagen des Rollbretts, wenn der Hund auf eines der Enden tritt, indem Sie beispielsweise das Trittbrett unten mit Gewichten verstärken.

Lassen Sie Ihren Hund auf eine liegende Tonne springen und auf der Tonne balancieren. Geben Sie anfangs die Hilfestellung, die nötig ist, um dem Hund nicht den Spaß an der Übung zu verleiden. Für kleine bis mittelgroße Hunde ist auch das Laufen auf der langsam rollenden Tonne möglich.

Die Vorderpfoten auf dem Brett sind schon die halbe Miete bei dieser Übung.

Noch schwieriger ist diese Übung mit einem großen Ball. Geben Sie anfangs die Hilfestellung, die nötig ist, um den Hund bei der Stange zu halten. Manchmal ist es eine Hilfe, wenn der Hund bereits gelernt hat, über eine Wippe zu laufen, denn dann kennt er das Ausbalancieren des eigenen Gewichts schon. Damit der Ball sich nicht in alle Richtungen bewegen kann, können Sie ihn zunächst als Unterstützung in eine Schiene aus Brettern legen. Das seitliche Wegrollen wird somit verhindert.

Lassen Sie Ihren Hund sein Lieblingsspielzeug apportieren, das Sie auf einer Gitterrosttreppe deponiert haben. Je nach Geschick Ihres Hundes können Sie ihn bei einer Treppe, die aus mehreren Etagen besteht, zunächst eine Etage und später mehrere Etagen hoch schicken, um Ihnen das Spielzeug zu bringen. Belohnen Sie die Anstrengung Ihres Hundes mit einem Jackpot!

Optische und akustische Reize

Bei Geschicklichkeitsübungen spielen aber nicht nur die Pfoten eine Rolle. Auch mit optisch oder akustisch auffälligen Geräten können Sie Ihren Hund herausfordern. Mit diesen Reizen sollten Sie Ihren Hund schon als Welpen vertraut machen.

Übungsvarianten

Hängen Sie ein Handtuch im Türrahmen so auf, dass es bis auf den Boden hängt. Rufen Sie Ihren

Hund durch den Handtuch-„Vor-hang" hindurch heran.

 Erschweren Sie die Handtuch-Übung, indem Sie einige Plastikmüllsäcke zerschneiden und die einzelnen Streifen aufhängen. Lassen Sie Ihren Hund dann durch diese knisternden und sich bewegenden Streifen laufen.

Eine ähnliche Übung kann man mit leeren Konservenbüchsen machen. Basteln Sie sich ein Gestell, in dem Sie einige leere Büchsen aufhängen. Lassen Sie Ihren Hund dann unter den Büchsen entlang laufen, sodass ihn die Büchsen berühren. Für Fortgeschrittene kann man in die Büchsen eine Schnur mit einem Steinchen oder einem Glöckchen hängen. Auf diese Weise wird diese Übung auch zur akustischen Reizsituation.

Lassen Sie Ihren Hund durch einen rollenden Hula-Hoop-Reifen laufen. Um die Übung zu verein-fachen, sollten Sie den Reifen erst später rollen. Halten Sie den Reifen anfänglich vor sich und laufen Sie damit. Weisen Sie den Hund während des Laufs an, durch den Reifen zu springen. Wenn das gut klappt, können Sie den Reifen rollen und den Hund hindurchspringen lassen.

Balanceakte

Neben diesen „Mut-Übungen" können Hunde auch lernen, Dinge zu balancieren. Für die Balance-Übungen ist oft der Clicker das beste Hilfsmittel, da man mit dem Clicker durch das bessere Timing zeitgenauer belohnen kann.

Übungsvarianten

Leiten Sie Ihren Hund an, ein Spielzeug auf dem Kopf zu balancieren.

Lassen Sie den Hund ein Leckerchen auf seinem Nasenrücken balancieren.

Lassen Sie den Hund das balancierte Leckerchen dann aus der Luft schnappen.

Üben Sie mit dem Hund einen leichten Gegenstand, etwa einen Schal, auf der angewinkelten Pfote zu halten. Der Hund kann hierbei stehen oder sitzen.

Lassen Sie Ihren Hund einen Gehstock in der Position „Männchen" mit den Vorderpfoten festhalten.

Legen Sie Ihrem Hund einen Gegenstand auf den Rücken. Er soll nun ein paar Schritte laufen ohne ihn fallen zu lassen.

Diese Übung erfordert viel Ruhe und Konzentration.

Sprünge

Für die Sprungübungen ist eine gute Gesundheit, insbesondere des Bewegungsapparates, Voraussetzung. Bei Hunden mit bekannten Erkrankungen, Beschwerden oder Schäden der Bänder, Gelenke oder Knochen sollten Sie auf diese Art von Übungen verzichten.

53 „Hopp" und „Drauf"

Mit einem springfreudigen Hund sind einem in dieser Übung kaum Grenzen gesetzt. Der Hund kann lernen, auf Kommando auf oder über etwas zu springen. Um für den Hund deutlich unterscheidbar zu machen, ob er mit den Pfoten aufsetzen soll oder nicht, sollten Sie für diese Übungen zwei unterschiedliche Kommandos (z. B. „Hopp" und „Drauf") einführen.

In den hier vorgestellten Übungen bedeutet „Hopp", dass der Hund ein angewiesenes Objekt überspringen soll. Im Übungsaufbau sollten zunächst sehr niedrige Objekte angeboten werden. So kommt der Hund kaum in Versuchung, auf dem Objekt eine Pfote abzusetzen. Wenn Sie keine geeignete Hürde parat haben, können Sie den Hund zum Beispiel über ein Bein oder einen Ast, den Sie auf dem Spaziergang gefunden haben, springen lassen.

Stellen Sie beim Übungsaufbau ein Bein beispielsweise gegen eine Wand

Ein gutes Zusammenspiel von Mensch und Hund sind bei dieser Übung nötig.

oder einen Baum und verführen Sie den Hund zu einem kleinen Sprung, indem Sie ihn mit Futter oder Spielzeug über das angelehnte Bein locken. Geben Sie ihm die Belohnung sofort nach dem Sprung. Steigern Sie die Höhe von ca. 10 cm (auch bei großen Hunden!) nur langsam und erst dann, wenn der Hund wiederholt bewiesen hat, dass er das Objekt im freien Sprung überwinden kann. Führen Sie zeitgleich das Kommando ein, indem Sie „Hopp" immer dann sagen, wenn Sie sich sicher sind, dass der Hund gerade in diesem Moment zum Sprung ansetzen will.

In der Übung „Drauf" soll der Hund auf ein Objekt springen und dort verharren bzw. auf neue Anweisungen warten. Suchen Sie anfangs ein Objekt mit einer großen „Landefläche" aus. Es soll dem Hund keine Schwierigkeiten bereiten sich auf dieser Fläche zu halten, aber für ihn nahezu unmöglich sein, dieses Objekt zu überspringen. Im Übungsaufbau gilt es darauf zu achten, dass man bei schnellen Hunden den Schwung des Sprungs etwas bremst, sodass sie auf dem Objekt auch wirklich landen und stoppen. Reizen Sie Ihren Hund mit einer in Aussicht gestellten Belohnung an und belohnen Sie ihn sofort, wenn er den Sprung wagt und auf das Zielobjekt springt. Führen Sie auch hier den Befehl erst ein, wenn Sie sich sicher sind, dass der Hund in der Übung keinen Fehler machen wird.

Übungsvarianten für die Übung „Hopp"

Lassen Sie den Hund mit „Hopp" über Ihren Arm oder Ihr Bein springen, indem Sie sich mit dem Arm oder Bein an einer Wand o. Ä. abstützen. Bei kleinen Hunden müssen Sie hierzu in die Hocke gehen.

Lassen Sie den Hund mit „Hopp" durch einen Reifen oder Ähnliches springen. Ihrer Phantasie sind hier keine Grenzen gesetzt. Nutzen Sie auch geeignete Objekte auf dem Spaziergang.

Diese Übung ist ein Riesenspaß für Hunde, die gerne springen.

Eine prima Übung für notwendige Waschgänge ist, dem Hund als Übung zu vermitteln, eigenständig in die Badewanne zu springen. Legen Sie hierzu vorher eine trittsichere Gummimatte o. Ä. in die Wanne, damit der Hund nicht auf dem glatten Boden ausrutscht.

Wandeln Sie die Übung „Hopp" weiter ab, indem Sie zum Beispiel mit beiden Armen einen Ring formen und den Hund hindurchspringen lassen.

Lassen Sie den Hund mit „Hopp" über ein Seil springen, das Sie ggf. mit einer Hilfsperson oder mit dem einen Ende an einem Pfosten befestigt schwingen. Diese Übung erfordert vom Hund ein gehöriges Maß an Geschick und gutes Timing.

Wenn Ihr Hund klein ist, können Sie folgende Übung trainieren: Stützen Sie einen Fuß am anderen Bein etwa auf Knie- oder Wadenhöhe ab. Lassen Sie den Hund dann von hinten nach vorne durch diese mit den Beinen geformte Lücke springen.

Hocken Sie sich hin und halten Sie seitwärts einen Arm als Hürde für den Hund hin. Lassen Sie Ihren Hund dann über diesen Arm springen. Für Fortgeschrittene kann man die Übung erweitern und beide Arme hinhalten. Der Hund soll dann über einen Arm springen, eine halbe Runde um den Körper laufen und über den anderen Arm zurückspringen.

Schicken Sie Ihren Hund mit den Kommandos „Voraus" und „Hopp" los, um über ein Objekt zu springen, das etwas weiter entfernt ist. Bauen Sie die Distanz zu dem Objekt schrittweise aus.

Üben Sie mit „Hopp" einen Weitsprung, zum Beispiel über einen kleinen Bachlauf.

Lassen Sie den Hund mit „Hopp" über eine kleine Reihe von Hindernissen springen, wenn Sie auf dem Spaziergang zum Beispiel auf einem Trimm-Dich-Pfad geeignete Objekte finden.

Weisen Sie den Hund an, über einen Menschen zu springen, der liegt, hockt oder im Kastenstand ist.

Sportliche Menschen können den Hund über sich springen lassen, während Sie gerade eine Waage machen. Diese Übung ist leichter mit zwei Personen umzusetzen. Einer bildet die Figur, der andere weist den Hund entsprechend an. Je nach Größe der Personen muss der Hund recht sprungkräftig sein, um diese Anforderung erfüllen zu können.

Für Turntalentierte kann folgende Übung interessant sein: Stellen Sie sich in der „Brücken"-Haltung auf und lassen Sie den Hund mit „Hopp" über sich springen. Auch diese Übung ist zu zweit leichter umzusetzen. Wenn die Übung gut gelingt, kann man sie noch weiter aufpeppen, indem man den Hund sofort nach dem Sprung unter dem Körper durch „Kriechen" und ihn ggf. noch einmal springen lässt. Auch Kombinationen des Kommandos „Hopp" mit „Durch", „Umrunden" oder „Slalom" zwischen den Beinen sind hier möglich.

Wenn der Hund eine sichere Verknüpfung zwischen dem Signal „Hopp" und seiner Handlung hergestellt hat, können Sie auch versuchen, ihm „Freestyle"-Sprünge beizubringen, indem Sie ohne ein geeignetes Objekt, das übersprungen werden könnte, „Hopp" befehlen. Sie können das Kommando ggf. noch durch eine schwungvolle Handbewegung unterstützen. Mit dem Clicker gelingt es leicht, den Hund im richtigen Moment zu bestärken, wenn er in irgendeiner Weise einen Sprung hinlegt – auch wenn es vielleicht auch zunächst nur ein kleiner Hopser ist. Diese Übung macht sprungfreudigen Hunden viel Spaß und führt oft zu spektakulären Resultaten.

Sehr interessant sieht es aus, wenn Sie den Hund beim Seilspringen mithüpfen lassen. Diese Übung erfordert ein sehr gutes Zusammenspiel zwischen Hund und Besitzer. Beide müssen über ein gutes Timing verfügen. Alternativ zu der Übung „Hopp", also dem reinen Luftsprung, kann sich der Hund je nach Größe beim Springen auch auf den Oberschenkeln des Menschen abstützen, wenn er vor diesem steht.

Eine Übungsvariante für zwei Hunde, die sich uneingeschränkt gut verstehen müssen, ist das „Bockspringen". Lassen Sie hierbei den einen Hund unter dem Kommando „Hopp" über den quer zu ihm stehenden anderen Hund springen.

Wenn Ihr Hund schon gelernt hat, mit „Hopp" durch einen Reifen zu springen, können Sie ihm leicht vermitteln, einen aufsehenerregenden Sprung durch einen mit Papier verdeckten Reifen hinzulegen. Im Übungsaufbau empfiehlt es sich, den Reifen zunächst nur mit Papierstreifen zu bedecken, sodass sich der Hund an das neue Sprunggefühl mit dem Widerstand gewöhnen kann. Legen Sie hierzu anfangs nur ein bis zwei dünne Papierstreifen über den Reifen. Der Hund wird diese beim Sprung zerreißen und kann sich so an das Gefühl und das Geräusch gewöhnen. Fügen Sie dann immer mehr Streifen hinzu, bis schließlich der ganze Reifen von Papierstreifen bedeckt ist. Arbeiten Sie im nächsten Schritt mit breiteren Streifen, bis Sie den Reifen schließlich mit einem ganzen Bogen Papier komplett überziehen.

Übungsvarianten für die Übung „Drauf"

Suchen Sie auf dem Spaziergang Objekte wie z.B. breite Baumstümpfe, die der Hund nicht überspringen kann, und weisen Sie ihn an, „Drauf" zu springen.

Lassen Sie den Hund mit „Drauf" auf einen Tisch springen, der von der Höhe seinen Möglichkeiten entspricht. Diese Übung eignet sich sehr gut als Vorbereitung für die Behandlung beim Tierarzt. Das Stehen auf dem Tisch wird dem Hund, der die Übung „Drauf" schon privat auf einem Tisch umgesetzt hat, nicht mehr so unheimlich vorkommen.

Lassen Sie Ihren Hund auf ein Objekt „Drauf" springen und weisen Sie ihn dort an, seine Position zum Beispiel vom „Steh" ins „Sitz" oder „Platz" zu wechseln.

Wählen Sie später für die Übung „Drauf" auch schmalere Objekte aus oder solche, die für den Hund schwerer zu erklimmen sind. Achten Sie aber darauf, dass Ihr Hund nach Möglichkeit keinen Fehler machen kann.

Schicken Sie den Hund mit „Voraus" und „Drauf" auf ein angewiesenes Objekt. Lassen Sie ihn dort z.B. „Drehen" oder rufen Sie ihn von dort aus ab. Bauen Sie auch hier die Distanz zu dem Objekt schrittweise auf.

Üben Sie, mit dem Hund auch wackelige Objekte zu erklimmen. Legen Sie hierzu beispielsweise ein Holzbrett auf zwei dicke Stangen oder Fässer, sodass sich das Brett darauf bewegt, wenn der Hund aufspringt. Geben Sie ihm die Hilfe, die er benötigt, damit er die Übung erfolgreich absolvieren kann und nicht erschrickt. Achten Sie bei den Konstruktionen darauf, dass sie zwar wackeln dürfen, aber unbedingt „einbruchsicher" sein müssen!

Wenn Ihr Hund klein und leicht ist, können Sie trainieren, dass er Ihnen auf den Arm springt. Einige Hunde bieten das an, aber für die meisten ist es schwierig.

Gehen Sie auch hier schrittweise vor, und achten Sie darauf, dass die Übung immer glatt geht, denn in dieser Übung kommt es sehr auf ein gutes Zusammenspiel an. Eine gute Starthilfe sieht so aus, dass Sie selbst auf einem Stuhl sitzen und den Hund auf den Schoß springen lassen. Wenn er dies sicher kann, können Sie in die halbe Hocke übergehen und langsam daran feilen, immer aufrechter zu stehen, bis die Übung schließlich fehlerfrei klappt. Als lustiges Sprachkommando kann man beispielsweise „Iiiihhh, Mäuse" oder „Hilfe, eine Schlange" sagen.

Eine Übungsvariante für einen großen und einen kleineren bzw. sehr leichten Hund ist das „Bockspringen mit Aufsetzen". Die Hunde müssen sich aber sehr, sehr gut verstehen! Lassen Sie den kleinen mit „Drauf" auf den Rücken des anderen springen. Belohnen Sie in dieser Übung stets beide Hunde, nach Möglichkeit den ranghöheren zuerst.

Für kleinere bis maximal mittelgroße Hunde mit großem körperlichen Geschick kann man die Übung „Drauf" auf einem großen Ball oder einer liegenden Tonne üben. Auch das Laufen auf dem Ball bzw. der Tonne ist möglich, aber sehr schwierig (vgl. Seite 113 Geschicklichkeit).

Richtungsorientierte Übungen

Um eine gute Führigkeit auch auf Distanz zu erreichen, sollten Sie dem Hund verschiedene Richtungskommandos beibringen.

54 „Abgang"

Die Übung „Abgang" ist im Prinzip das Gegenteil der Übung „Drauf". Der Hund soll hier von einem Gegenstand, auf dem er sich gerade befindet, herunterspringen. Auch im Alltag

kann diese Übung nützlich sein, denn es gibt immer wieder Momente, in denen man den Hund von irgendwo runter haben möchte. Zum Beispiel, wenn er sich auf dem Sofa breit gemacht hat…

Beginnen Sie die Übung, indem Sie den Hund erst irgendwo „Drauf" springen lassen. Reizen Sie ihn nun mit einer tollen Belohnung an und halten Sie diese dann relativ nah an den Boden. Geben Sie dem Hund genau in dem Moment, wenn er sich anschickt runterzuspringen, das Kommando „Abgang". Belohnen Sie ihn unten.

> **Tipp**
> Sie können in dieser Übung sehr gut ein auffälliges Sichtzeichen einführen, zum Beispiel eine ausladende Bewegung mit dem Arm nach unten. Üben Sie, wenn Sie ein Sichtzeichen und ein Sprachkommando aufbauen wollen, beides auch getrennt voneinander, um eine besonders sichere Verknüpfung zu erreichen.

Alternativ kann diese Übung auch mit einem Nasen-Target trainiert werden. Als Zielobjekt bietet sich hier die eigene Handfläche an. Bringen Sie Ihrem Hund bei, die Handfläche mit der Nase zu berühren. Sie können ihn nun beliebig irgendwo „Drauf" springen lassen, indem Sie die Hand als Target über das Objekt halten, auf das er springen soll, und ihn mit „Abgang" auch wieder runterspringen lassen. Halten Sie hierzu Ihre Hand so weit vom Objekt entfernt, dass der Hund runterspringen muss, um Ihre Hand anzutippen. Belohnen Sie ihn dann.

Übungsvarianten

Üben Sie den „Abgang" von verschiedenen Gegenständen, etwa vom Sessel, Sofa, Bett, Tisch, draußen von einem Mäuerchen, einer Parkbank, dem Autositz etc., damit der Hund schnell generalisieren kann.

Trainieren Sie die Übung „Abgang" auch auf Distanz. Es lohnt sich, für ein gutes Timing hier den Clicker einzusetzen.

55 „Voraus"

In dieser Übung soll der Hund lernen, sich geradlinig vom Hundeführer zu entfernen. Die „Voraus"-Übung eröffnet jede Menge neue Übungskombinationen.

Wenn Sie das Richtungsschicken später in alle Himmelsrichtungen umsetzen wollen, ist ein sehr guter Übungsaufbau über das Target-Training anzuraten. Das Zielobjekt mit der Nase anzutippen sollte der Hund in einer gesonderten Übung bereits gelernt haben (vgl. Seite 43).

Ideal ist es, wenn man das Target-Objekt in den Boden stecken kann. Ein Teleskopstift, aber zum Beispiel auch Kochlöffel eignen sich hierfür hervorragend.

Stecken Sie das Target-Objekt vor sich in den Boden, sodass die Spitze, die der Hund berühren soll, nach oben zeigt. Halten Sie Ihren Hund dann mit dem ihm schon vertrauten „Tippen"-Kommando an, die Spitze des Objek-

tes mit der Nase zu berühren, und belohnen Sie ihn. Mit dem Clicker können Sie den richtigen Zeitpunkt für die Verstärkung exakt nutzen!

Bauen Sie im nächsten Schritt mehr Distanz zum Zielobjekt auf, indem Sie es weiter vor sich, seitlich oder sogar hinter sich stecken und den Hund mit seinem „Tippen"-Kommando losschicken.

Wenn Ihr Hund zuverlässig zum Zielobjekt hinläuft, um es anzutippen, auch wenn es schon ein bisschen weiter weg steht, können Sie das „Tippen"-Kommando mit dem Befehl für das Vorauslaufen kombinieren. Sagen Sie anfangs beispielsweise „Voraus", „Tippen". Lassen Sie nach und nach immer häufiger das „Tippen"-Kommando weg, bis Ihr Hund die Übung auf das neue Kommando hin zuverlässig umsetzt.

In dieser Übung ist es sinnvoll, auch ein Sichtzeichen als Signal aufzubauen, denn dann können Sie später in schwierigeren Aufgabenstellungen sehr genau die Richtung vorgeben. Achten Sie darauf, dass Ihr Hund Ihr Sichtzeichen – beispielsweise die gestreckte Hand – gut erkennen kann! Weisen Sie ihn dann mit Sicht- und Sprachsignal ein, bis er sicher weiß, worum es geht. Hierfür empfiehlt sich folgender Trainingsansatz:

Lassen Sie Ihren Hund zunächst „Sitz" oder „Platz" und „Bleib" machen. Stecken Sie den Target-Stick zu Beginn in einem Abstand von etwa drei Metern in den Boden und kehren Sie zu Ihrem Hund zurück. Weisen Sie ihn nun mit einer deutlichen Handbewegung an, geradeaus zum Ziel zu laufen. Belohnen Sie ihn für guten Ge-

Hier wird der Hund mit „Voraus" und „Platz" zum Target-Stab geschickt.

horsam. Üben Sie das geradeaus „Voraus"-Laufen täglich, bis es Ihrem Hund in Fleisch und Blut übergegangen ist.

Tipp
Um dem Hund das Sichtzeichen auch im Alltag geläufig zu machen, können Sie es zu Hause in Situationen einsetzen, die dem Hund wohl vertraut sind. Schicken Sie ihn zum Beispiel mit dem Sichtzeichen zu seinem Fressnapf, in den Sie ein leckeres Stück Wurst gelegt haben, oder verstecken Sie einige Leckerchen an leicht zugänglichen Orten und weisen Sie dem Hund mit der Hand die Richtung, in der er suchen soll.

Im Anschluss daran können Sie dem Hund die Richtungen „rechts" und „links" beibringen. Stellen Sie sich dazu frontal zum Hund auf und achten Sie darauf, dass das Ziel, das der Hund ansteuern soll, in einer geraden Linie rechts oder links neben Ihnen ist. Schicken Sie den Hund dann mit dem ihm schon aus der anderen Übung bekannten Sicht- und Hörzeichen los. Belohnen Sie ihn, wenn er alles richtig macht und brav das Ziel ansteuert. Nach Belieben kann man für die verschiedenen Richtungen unterschiedliche Kommandos einführen oder sich darauf beschränken, das Kommando „Voraus" und das entsprechende richtungsweisende Sichtzeichen zu benutzen.

Achten Sie auch bei den Seitenanweisungen stets darauf, dass Ihr Hund das Sichtzeichen gut erkennen kann.

Das Sichtzeichen sollte dem Hund auf Kopfhöhe gegeben werden. Bei kleinen Hunden sollte man deshalb in die Hocke gehen.

Übungsvarianten

Üben Sie mit Ihrem Hund verschiedene Positionsvarianten bzw. Übungsabschlüsse am Ziel (z.B. „Steh", „Sitz", „Platz", „Peng", „Hopp", „Drauf", „Umrunden" etc.).

Verändern Sie das Ziel, indem Sie den Hund nicht nur zu dem vertrauten Target-Objekt, sondern auch zu Spielzeug, einer Parkbank, einer Tasche etc. laufen lassen.

Verlangen Sie von Ihrem Hund auf dem Weg zum Ziel zwischendurch eine andere Übung, zum Beispiel „Platz". Belohnen Sie guten Gehorsam und schicken Sie ihn danach weiter in Richtung zum eigentlichen Ziel.

Stellen Sie mit ausreichendem Abstand zueinander verschiedene Ziele auf, die der Hund ansteuern kann. Schicken Sie ihn dann zielgerichtet geradeaus, nach rechts oder nach links.

Erschweren Sie diese Übung, indem Sie die einzelnen Ziele in unterschiedlichen Distanzen postieren und indem Sie Ziele verschiedener Attraktivität aufstellen.

56 „Rein" und „Raus"

Um dem Hund die Kommandos „Rein" und „Raus" zu vermitteln, kann man einen großen Karton als Übungsobjekt nehmen. Wenn Ihr Hund an eine Transportbox gewöhnt ist oder gewöhnt werden soll, können Sie auch diese einsetzen. Haben Sie all dies nicht zur Hand, reicht für einen Trainingsstart aber auch eine Zimmertür.

Lassen Sie Ihren Hund vor dem „Raum" warten, in den er hineingehen soll. Legen oder werfen Sie ihm zum Anreiz eine Belohnung hinein und schicken Sie ihn dann mit „Rein" los. Hier macht sich das Lobwort bezahlt, wenn der Hund es schon kennt. Denn Sie können es einsetzen, sobald der Hund dort drinnen ist, wo er hineingehen sollte. Auch der Clicker leistet hier gute Dienste.

Die Übung „Raus" funktioniert genauso. Der Hund muss beim Übungsstart in einem „Raum" sein und dort warten. Locken Sie ihn mit einer in Aussicht gestellten Belohnung „Raus" und belohnen Sie ihn draußen.

Übungsvarianten

Trainieren Sie diese Übung mit dem Hund bei allen Gelegenheiten, bei denen er irgendwo „Rein" und „Raus" gehen kann. Je unterschiedlicher die Situationen sind, umso schneller kann er die Übung generalisieren. Achten Sie aber immer darauf, dem Hund solange leichte Hilfen zu geben, bis er die Übung sicher verstanden hat.

Machen Sie es dem Hund zur Regel, ausdrücklich erst auf die Kommandos „Rein" und „Raus" (alternativ „Drauf" und „Abgang") zum Beispiel ins Auto hinein- bzw. aus dem Auto herauszuspringen. Auf diese Weise lernt er, sich im Straßenverkehr gesittet zu verhalten.

Üben Sie „Rein" und „Raus" auf Entfernung. Nach Belieben können Sie die Übung auch mit „Voraus" kombinieren. Für ein gutes Timing bei der Belohnung macht sich hier wieder der Clicker bezahlt, denn mit dem Clicker haben Sie gerade bei Übungen auf Entfernung das beste Timing bei der Verstärkung des erwünschten Verhaltens.

Lassen Sie Ihren Hund mit „Rein" (alternativ mit „Drauf") in einen Ziehwagen oder Fahrradanhänger springen. Verlangen Sie dort „Bleib" von ihm und ziehen Sie ihn ein Stück.

Wenn er gut daran gewöhnt ist, kann man dies auch für weitere gemeinsame Ausflüge nutzen. Achten Sie dann darauf, dass Ihr Hund nicht selbstständig herausspringt. Bei Fahrten im Straßenverkehr sollte er gesichert transportiert werden!

57 „Obacht"

Diese Übung ist von besonderem Nutzen, wenn man möchte, dass der Hund in einer bestimmten Übung nicht auf einen selbst, sondern in eine bestimmte Richtung schaut.

„Obacht" ist eine Übung nach dem Target-Prinzip. Nehmen Sie für diese Übung ein Target-Objekt, das der Hund noch nicht aus anderen Übungen kennt. Ein leichter, ca. zwei cm dicker und ca. einen Meter langer Holzstab ist hierfür gut geeignet. Der Hund soll das Ziel in dieser Übung anschauen, aber nicht berühren.

Als zusätzliche Hilfe kann man an einem Ende des Stabes einen stumpfen Nagel einsetzen, auf den man beispielsweise ein Wurststückchen aufspießt. Halten Sie dem Hund das Zielobjekt etwa einen halben Meter über seinem Kopf hin und belohnen Sie jeden Blickkontakt zu dem Objekt. Als Trainingshilfe ist hier der Clicker von besonderem Wert.

Wandeln Sie die Übung ab, sobald der Hund das Ziel einige Sekunden lang konzentriert im Auge behält, indem Sie hinter dem Hund stehen und das Target-Objekt über ihn halten. Verstärken Sie auch in dieser neuen Position jeden Blickkontakt des Hundes zum Zielobjekt. Lassen Sie ihn im nächsten Trainingsschritt unter dem Target-Objekt mit Ihnen mitlaufen. Der Hund soll auch jetzt den Stab immer im Auge behalten und mit dem Körper unter dem Stab bleiben.

Bauen Sie die Hilfe mit dem Wurststückchen als Anreiz langsam ab und nutzen Sie die Vorzüge des Clickers, um den konzentrierten Blick auf das

Dieses Zielobjekt ist gut gewählt, da es sich für den Hund sichtbar vom Hintergrund abhebt.

Objekt auch beim Laufen im richtigen Moment zu verstärken. Führen Sie ein Kommando (z. B. „Obacht") ein, wenn die Übung gut gelingt und der Hund eigenständig darauf achtet, seinen Körper unter dem Stab zu halten. Sobald der Hund diese Grundübung beherrscht, können Sie sich den Varianten widmen.

Übungsvarianten

Lassen Sie den Hund unter „Obacht" unter dem Stab laufen und verlangen Sie dann „Sitz", „Platz" oder „Steh". Auch in diesen Positionen soll sich der Hund unter dem Stab befinden und in Richtung der Stabspitze schauen.

Kombinieren Sie die Übungen „Obacht" und „Zurück" und lassen Sie den Hund unter dem Zielobjekt rückwärts gehen.

Halten Sie Ihr Zielobjekt so fest, dass der Hund Ihnen mit dem Po zugewandt ist und in Ihre Blickrichtung schaut. Drehen Sie sich dann mit dem Target-Objekt langsam im Uhrzeigersinn. Der Hund soll sich ebenso drehen, da er ja hierbei immer unter dem Zielobjekt bleiben soll. Diese Übung ist schwierig, denn der Hund muss mit den Vorderfüßen einen weiteren Bogen umschreiben als mit den Hinterfüßen. Dies erfordert von ihm viel Konzentration und Ruhe. Der Hund muss hierbei etwas mehr als die Stabspitze sehen können, sonst kann er nicht wissen, wie er stehen muss.

Üben Sie das Seitwärtsgehen unter dem Stab. Auch hier muss er wiederum etwas mehr als die Spitze des Stabes sehen können, um zu wissen, wie er seinen Körper ausrichten muss.

58 „Vor"

In dieser Übung soll der Hund frontal vor Ihnen stehen. Diese Übung ist nicht schwer zu trainieren. Besonders mit dem Clicker sind schnelle Trainingserfolge häufig.

Clicken Sie oder belohnen Sie den Hund direkt, wenn er in gerader Linie frontal vor Ihnen steht.

Verändern Sie dann Ihre Position und warten Sie, bis der Hund wieder die richtige Position einnimmt. Trainieren Sie diese Übung zunächst ohne Signal. Führen Sie das Kommando

(z. B. „Vor") erst ein, wenn der Hund in mindestens acht von zehn Versuchen spontan in die richtige Position läuft.

Ein zusätzliches Detail in dieser Übung ist, wenn der Hund in der Position „Vor" aufmerksam hochschaut. Auch hier erweist sich der Clicker als hervorragende Traininghilfe, um dieses Detail auszuarbeiten.

Übungsvarianten

Lassen Sie den Hund beim Rückruf in die Position „Vor" laufen und belohnen Sie ihn.

Lassen Sie den Hund aus der Grundposition in die Position „Vor" laufen.

Versuchen Sie den Hund seitwärts laufen zu lassen, indem Sie ihn anweisen die Position „Vor" einzunehmen. Bewegen Sie sich nun in winzigen Schritten selbst seitwärts und erinnern Sie den Hund immer wieder mit „Vor" daran, dass er sich frontal gerade zu Ihnen ausrichten soll. Dies ist ein möglicher Trainingsaufbau für das Seitwärtslaufen (vgl. Übung 18 Krabbengang).

Zum Weiterlesen

DEL AMO, C.: Spielschule für Hunde. Verlag Eugen Ulmer, Stuttgart 2005.

DEL AMO, C.: Welpenschule. Verlag Eugen Ulmer, Stuttgart 2006.

DEL AMO, C.; JONES, R.; MAHNKE, K.: Der Hundeführerschein. Verlag Eugen Ulmer, Stuttgart 2006.

DEL AMO, C.: Probleme mit dem Hund. Verlag Eugen Ulmer, Stuttgart 2007.

DEL AMO, C.: Hundeschule Step-by-Step. Verlag Eugen Ulmer, Stuttgart 2007.

BUROW, I.; NARDELLI, D.: Dogdance. Cadmos Verlag, Lüneburg 2002.

DONALDSON, J.: Hunde sind anders. Frankh-Kosmos Verlag, Stuttgart 2000.

LASER, B.: Clickertraining. Cadmos Verlag, Lüneburg 2000.

LASER, B.: Clickertraining für den Familienhund. Cadmos Verlag, Lüneburg 2001.

PIETRALLA, M.; SCHÖNING, B.: Clickertraining für Welpen. Frankh-Kosmos Verlag, Stuttgart 2002.

SCHAAL, M.; THUMM, U.: Abwechslung im Hundetraining. Verlag Eugen Ulmer, Stuttgart 1999.

THEBY, V.; HARES, M.: Darf ich bitten? Kynos Verlag, Mürlenbach 2001.

THEBY, V.: Schnüffelstunde. Kynos Verlag, Mürlenbach 2003.

Bildquellen

Die Zeichnung auf Seite 57 fertigte Dr. Anna Laukner, Kernen, sämtliche anderen Oliver Eger, Langerringen.
Die Fotos im Innenteil stammen von Dieter Kothe, Stuttgart.
Titelfoto: Tierfotoagentur/Sabine Schwerdtfeger

Bibliografische Information der Deutschen Nationalbibliothek

Die Deutsche Nationalbibliothek verzeichnet diese Publikation in der Deutschen Nationalbibliografie; detaillierte bibliografische Daten sind im Internet über http://dnb.d-nb.de abrufbar.

© 2004, 2010 Eugen Ulmer KG, Wollgrasweg 41
70599 Stuttgart (Hohenheim)
Internet: www.ulmer.de
Lektorat: Dr. Nadja Kneissler, Gabi Franz, Dr. Eva-Maria Götz
Satz: Typomedia Satztechnik GmbH, Scharnhausen
Umschlagentwurf: red.sign, Anette Vogt, Stuttgart
Herstellung & DTP: Silke Reuter, Heinz Högerle
Druck und Bindung: Firmengruppe APPL, aprinta druck, Wemding
Printed in Germany

ISBN 978-3-8001-5662-7

Auf 4 Pfoten fröhlich durchs Leben!

Wie Sie und Ihre ganze Familie mit Ihrem Hund alle für den Alltag wichtigen Signale trainieren können, zeigt Ihnen dieses reich illustrierte Buch - Schritt für Schritt und leicht verständlich.

In diesem Buch finden Sie alles, was Sie über Ihren treuesten Freund wissen sollten. Ein Ratgeber, der alle Fragen rund um den Alltag mit Ihrem Hund beantwortet und Sie ein (Hunde-)Leben lang begleitet!

Hunde, ob untereinander oder auch uns gegenüber, haben eine ganz klare Sprache, die sich durch Körpersignale, Gebärden, Mimik und Stimme äußert. In diesem Buch können Sie diese Sprache der Hunde lernen.

Hundeschule.
Step by Step zum folgsamen Familienhund. Celina del Amo, Dieter Kothe. 2., überarbeitete Aufl. 2007. 128 S., 259 Farbf., 3 Zeich., geb. ISBN 978-3-8001-5572-9.

Das große Ulmer Hundebuch.
Heike Schmidt-Röger. 2008. 272 S., 280 Farbf., geb. ISBN 978-3-8001-5376-3.

Körpersprache des Hundes.
Frauke Ohl. 2., erweiterte Aufl. 2006. 104 S., 65 Farbf., 22 Zeichn., geb. ISBN 978-3-8001-4926-1.

Ulmer   **Ganz nah dran.**